职业院校规划教材

GONGYE HUAXUE

工业化学

第二版

张 荣 主编 张 瑛 主审

化学工业出版社

·北京·

本书为化工类专业教材，主要介绍了化学量与单位、工业化学基础知识、化工常用机械与设备、工业用水、无机化工产品生产、石油加工工业、煤炭加工工业、有机合成化工产品生产、高分子化工产品生产和精细化工产品生产。

　　本书适用于职业院校工业分析与检验、化工设备维修技术、生产过程自动化技术、环境监测与治理技术等化工相关专业学生学习化学工艺技术知识使用，也可作为化工企业管理干部和工人岗前培训教材使用。

图书在版编目（CIP）数据

工业化学/张荣主编. —2 版. —北京：化学
工业出版社，2011.8（2025.2重印）
职业院校规划教材
ISBN 978-7-122-12010-6

Ⅰ.工… Ⅱ.张… Ⅲ.工业化学-高等职业
教育-教材　Ⅳ.TQ

中国版本图书馆 CIP 数据核字（2011）第 152525 号

责任编辑：窦　臻	文字编辑：刘志茹
责任校对：郑　捷	装帧设计：张　辉

出版发行：化学工业出版社（北京市东城区青年湖南街 13 号　邮政编码 100011）
印　　装：北京天宇星印刷厂
787mm×1092mm　1/16　印张 10½　字数 252 千字　2025 年 2 月北京第 2 版第 8 次印刷

购书咨询：010-64518888　　　　　　　售后服务：010-64518899
网　　址：http://www.cip.com.cn

前　言

随着石油化学工业迅猛发展，生产规模不断扩大，各类石油化学工业企业对化工类专业技术技能人员的需求，也随之增加。为适应人才培养的需求，由全国化工类职业院校有关专家组织编写了这本全国化工类院校非化学工艺专业使用的《工业化学》第二版教材，该教材在《工业化学》（李光华主编）的基础上，进行了全面的修订、补充和完善。可作为全国化工职业院校技能人才培养规划教材，也可作为化工企业的培训教材。

本书分为十章，主要介绍化学量与单位、工业化学基础知识、化工生产常用机械与设备、工业用水、无机化工产品生产、石油加工工业、煤炭加工工业、有机合成化工产品生产、高分子化工产品生产、精细化工产品生产。本书内容简明扼要，通俗易懂，层次分明，有助于学生了解广博的化工生产知识，提高其从事多种化工岗位工作的适应能力。

本书由张荣主编，张瑛主审。张荣编写绪论、第一、二、五、六、七、八章，唐君参与了第八章编写，冯淑勤编写第四章，廖礼斌参与了第五、七章编写，高美莹编写第三、十章，贺小兰编写第九章。全书由张荣统稿整理。

本书在编写过程中得到中国化工教育协会、全国化工高级技工（技师）教育教学指导委员会的帮助和指导，得到了编审委员会专家及其所在院校的大力支持，在此一并表示感谢。

由于本书涉及面广，疏漏之处在所难免，敬请读者和专家批评指正。

编者

2011 年 7 月

目　　录

绪论 ……………………………………………………………………… 1
  第一节　工业化学的内容和任务 ……………………………………… 1
    一、工业化学的含义 ………………………………………………… 1
    二、工业化学研究的范围 …………………………………………… 1
    三、工业化学的学习目的 …………………………………………… 1
  第二节　我国的化学工业情况 ………………………………………… 2
    一、化学工业在国民经济中的重要地位和作用 …………………… 2
    二、我国化学工业概况 ……………………………………………… 2

第一章　化学量与单位 ………………………………………………… 4
  第一节　法定计量单位的组成 ………………………………………… 4
    一、概述 ……………………………………………………………… 4
    二、我国法定计量单位 ……………………………………………… 4
    三、国际单位制基本单位的定义 …………………………………… 7
  第二节　化工常用的量和单位 ………………………………………… 7
    一、质量单位 ………………………………………………………… 7
    二、温度单位 ………………………………………………………… 8
    三、力及重力单位 …………………………………………………… 8
    四、压力和压强单位 ………………………………………………… 8
    五、能量、功及热的单位 …………………………………………… 8
    六、体积单位 ………………………………………………………… 8
    七、B 的质量浓度和密度 …………………………………………… 8
    习题 …………………………………………………………………… 10

第二章　工业化学基础知识 …………………………………………… 11
  第一节　工业化学基本概念 …………………………………………… 11
    一、化工原料及产品 ………………………………………………… 11
    二、生产过程主要指标 ……………………………………………… 12
  第二节　催化剂 ………………………………………………………… 12
  第三节　化工单元过程与操作 ………………………………………… 13
    一、化工单元过程 …………………………………………………… 13
    二、化工单元操作 …………………………………………………… 16
    习题 …………………………………………………………………… 16

第三章　化工常用机械与设备 ………………………………………… 17
  第一节　化工机械与设备的分类 ……………………………………… 17
  第二节　化工机械与设备的特点和要求 ……………………………… 18
  第三节　管道设备 ……………………………………………………… 18
    一、管子 ……………………………………………………………… 19
    二、管件 ……………………………………………………………… 19

　　三、阀件 …………………………………………………………… 21
　　四、管路的连接 ………………………………………………… 22
　　五、化工管路的保温与涂色 …………………………………… 22
　　六、化工管路的热补偿 ………………………………………… 22
　　七、化工管路的防静电措施 …………………………………… 23
　第四节　物料输送设备 …………………………………………… 23
　　一、固体输送设备 ……………………………………………… 23
　　二、液体输送设备 ……………………………………………… 24
　　三、气体输送机械 ……………………………………………… 26
　第五节　化学反应设备 …………………………………………… 30
　　一、釜式反应器 ………………………………………………… 30
　　二、管式炉 ……………………………………………………… 31
　　三、固定床反应器 ……………………………………………… 31
　　四、流化床反应器 ……………………………………………… 32
　第六节　分离设备 ………………………………………………… 33
　　一、离心机 ……………………………………………………… 33
　　二、塔设备 ……………………………………………………… 34
　第七节　传热设备 ………………………………………………… 37
　　一、传热方式 …………………………………………………… 38
　　二、间壁式换热 ………………………………………………… 40
　　三、换热设备 …………………………………………………… 41
　习题 ………………………………………………………………… 47
第四章　工业用水 …………………………………………………… 49
　第一节　概述 ……………………………………………………… 49
　　一、水资源及循环 ……………………………………………… 49
　　二、工业用水的来源及天然水中的杂质 ……………………… 49
　　三、水质标准 …………………………………………………… 50
　第二节　水的用途 ………………………………………………… 52
　　一、水的用途 …………………………………………………… 52
　　二、净化的目的及其重要性 …………………………………… 53
　第三节　水的净化方法 …………………………………………… 53
　　一、物理法 ……………………………………………………… 53
　　二、化学法 ……………………………………………………… 54
　第四节　污水处理 ………………………………………………… 55
　　一、污水的来源与分类 ………………………………………… 55
　　二、污水的水质指标及工业废水的监测项目 ………………… 56
　　三、水体污染和自净 …………………………………………… 59
　　四、污水处理技术 ……………………………………………… 59
　习题 ………………………………………………………………… 63
第五章　无机化工产品生产 ………………………………………… 64

第一节　硫酸 ·· 64

一、硫酸的性质 ·· 64

二、硫酸生产的原料 ·· 65

三、硫酸生产的方法 ·· 65

四、三氧化硫的吸收 ·· 72

五、尾气处理 ·· 74

第二节　合成氨 ·· 74

一、氨的性质 ·· 75

二、合成氨生产过程 ·· 75

三、合成氨原料气的制备 ·· 76

四、合成氨原料气的净化 ·· 82

五、氨的合成 ·· 84

第三节　硝酸 ·· 90

一、硝酸的性质 ·· 90

二、稀硝酸的生产 ·· 90

三、稀硝酸生产的工艺流程 ·· 92

习题 ·· 93

第六章　石油加工工业 ·· 94

第一节　概述 ·· 94

一、石油及其加工工业在国民经济中的地位 ······························ 94

二、石油加工有关名词 ·· 94

第二节　石油的化学组成 ·· 96

一、石油的成因 ·· 96

二、石油的成分 ·· 96

第三节　石油加工的产品及用途 ·· 98

第四节　原油加工工业 ·· 98

一、原油的预处理 ·· 98

二、常减压蒸馏 ·· 99

三、热裂化 ·· 101

四、催化裂化 ·· 103

习题 ·· 106

第七章　煤炭加工工业 ·· 107

第一节　概述 ·· 107

一、煤化工发展 ·· 107

二、煤化工范畴及分类 ··· 108

第二节　煤液化技术简介 ·· 109

一、直接液化 ·· 109

二、间接液化 ·· 110

习题 ·· 111

第八章　有机合成化工产品生产 ·· 112

第一节　概述 …………………………………………………………… 112
　一、基本有机合成工业的范围 ………………………………………… 112
　二、基本有机合成工业在国民经济中的地位 ………………………… 112
　三、基本有机合成工业的发展概况 …………………………………… 113
　四、基本有机化工的原料 ……………………………………………… 113
第二节　乙烯 …………………………………………………………… 115
　一、乙烯的性质 ………………………………………………………… 115
　二、乙烯的生产工艺 …………………………………………………… 117
第三节　甲醇 …………………………………………………………… 118
　一、甲醇的性质 ………………………………………………………… 118
　二、甲醇的生产工艺 …………………………………………………… 120
　第四节　醋酸 ………………………………………………………… 121
　一、醋酸的性质 ………………………………………………………… 121
　二、醋酸的生产工艺 …………………………………………………… 122
第五节　环氧乙烷 ……………………………………………………… 123
　一、环氧乙烷的性质 …………………………………………………… 123
　二、环氧乙烷的生产工艺 ……………………………………………… 125
第六节　苯乙烯 ………………………………………………………… 125
　一、苯乙烯的性质 ……………………………………………………… 126
　二、苯乙烯的生产工艺 ………………………………………………… 126
习题 ……………………………………………………………………… 127

第九章　高分子化工产品生产 ………………………………………… 129
第一节　概述 …………………………………………………………… 129
　一、分类 ………………………………………………………………… 129
　二、现状及趋势 ………………………………………………………… 129
第二节　合成塑料 ……………………………………………………… 130
　一、聚乙烯 ……………………………………………………………… 131
　二、聚丙烯 ……………………………………………………………… 132
　三、聚氯乙烯 …………………………………………………………… 132
第三节　合成纤维 ……………………………………………………… 133
　一、聚酯纤维 …………………………………………………………… 134
　二、聚酰胺纤维 ………………………………………………………… 134
　三、聚丙烯腈纤维 ……………………………………………………… 135
第四节　合成橡胶 ……………………………………………………… 136
　一、丁苯橡胶 …………………………………………………………… 136
　二、顺丁橡胶 …………………………………………………………… 137
习题 ……………………………………………………………………… 138

第十章　精细化工产品生产 …………………………………………… 139
第一节　染料 …………………………………………………………… 139
　一、染料的分类 ………………………………………………………… 139

二、染料中间体及生产 140

三、偶氮类染料的生产 142

第二节 农药 145

一、农药的分类 145

二、敌百虫的生产 148

第三节 表面活性剂 149

一、表面活性剂的结构和作用 149

二、表面活性剂的分类 151

三、表面活性剂的生产 153

习题 156

参考文献 158

绪　论

第一节　工业化学的内容和任务

一、工业化学的含义

当人们研究自然界中的物质，并掌握了它们的化学变化规律之后，就能够制造出许多有用的新物质，如合成氨、硫酸、硝酸、合成纤维、塑料、合成橡胶以及高能燃料等。

工业化学就是一门研究由各种原料，如植物、矿物、水及空气等天然资源，经过化学和物理处理，加工成各种生产资料和生活资料的基本原理、生产方法或过程的学科。

二、工业化学研究的范围

工业化学分类方法较多，可按原料资源、产品类别、产品用途等分。本书分为无机化学工业和有机化学工业两类。

1. 无机化学工业

（1）无机化学工业　酸——硫酸、碱——氢氧化钠、盐——硫酸铜、无机肥料——钾肥的生产。

（2）冶金工艺　黑色金属、有色金属、贵金属和稀有金属的生产工艺。

（3）硅酸盐工业　玻璃、陶瓷、胶凝材料、耐火材料的生产。

（4）电化学工业　电解工业——氯、氢、烧碱、水的电解，熔融盐的电解；电热工业——电石、氰氨化钙、磷等的生产。

（5）化学矿原料工业　硫铁矿、磷矿石、硼矿和其他化工原料等的开采和加工。

（6）无机制剂工业　稀有元素、试剂、药剂、农药的生产。

2. 有机化学工业

（1）基本有机合成工业　醇、醚、酸、酯的生产，甲烷、一氧化碳、氢、乙烯、乙炔的生产。

（2）燃料化学加工工业　石油、煤、油母页岩、天然气的化学加工等。

（3）高聚物工业　塑料、合成纤维、合成橡胶、成膜材料的生产。

（4）中间体和染料工业　氯苯、硝基苯、苯磺酸盐等染料中间体与各类染料的生产。

（5）精细的有机合成工业　医药、试剂、有机杀虫剂、除莠剂等的生产。

（6）涂料工业。

三、工业化学的学习目的

学习工业化学的目的是应用已有的化学和物理学知识，联系原料、能量和化工生产工艺，来了解一系列化工产品生产过程的化学反应原理、操作技术条件、生产流程、使用主要设备、安全知识及产品的特性和主要用途等。

工业化学是一门辅助性专业工艺课，其课程主要任务是：

① 使学生了解化学工业的生产概貌，认识化学工业部门之间的关系；

② 使学生初步建立工艺观点，以便能更好地用所学的专业知识为化工生产服务。

第二节 我国的化学工业情况

一、化学工业在国民经济中的重要地位和作用

化学工业是我国国民经济的重要基础工业，与农业、工业、交通运输业和国防工业及人民生活有着密切的关系。化学工业是多行业、多品种的工业，产品应用范围很广，对国民经济和人民生活的改善有十分重要的作用。

（1）化学工业为农业现代化提供了物质条件 目前我国化肥总产量居世界第一位，已经形成了具有我国特色的煤、油、气三种原料并举的，大中小企业相结合的化肥工业生产体系。

（2）化学材料可作为建筑材料 我国人口众多，建筑材料一直较为紧张，近年来，化学材料开始逐渐取代传统建筑材料，注入建筑塑料、建筑涂料、防水材料、保温材料、嵌缩密封材料、胶黏剂、混凝土外加剂等，这些材料具有质量轻、强度高、耐腐蚀、不霉、不蛀、保温隔音、美观等特点。使用化学建材，可降低建筑物重量，减轻施工劳动强度，提高工效，提高经济效益。

（3）化学工业能为国防建设和科学技术现代化提供材料 可提供一批供航天、卫星等使用的复合材料、信息材料、纳米材料、高温超导体等。

（4）化学工业能够提供大量的生活用品 高分子材料、涤纶和腈纶等化工产品可以使人民生活更加丰富多彩。

（5）化学工业为国家增加积累 据统计，2008 年全国化学品生产销售收入达 65843 亿元。

综上所述，充分说明了化学工业为社会主义建设作出了重大贡献，肯定了它在国民经济建设中所占地位的重要性。

二、我国化学工业概况

1. 我国化学工业发展简史

化学加工在形成工业之前的历史，可以从 18 世纪中叶追溯到远古时期，从那时起人类就能运用化学加工方法制作一些生活必需品，如制陶、酿造等。当时规模较小，技术落后，只能算是手工艺。

早在公元前 2000 年，对于铜合金的制造已经有了相当完善的知识，并已制作出相当精细的铜合金器具，在陶器、漂染、发酵等方面也都有了一定成就，周朝时已制出精美的涂色漆器。东汉时（约公元 100 年）用树皮、破布已能造出漂白的纸。约 600 年后，我国的造纸技术传到了阿拉伯，以后又传到欧美各国。

在唐代时（公元 800 年），陶瓷工业有了显著的发展，彩绘陶瓷已经出现，并广为使用。我国的炼丹术发展得更早些。很早就发现了用硝酸钾（硝石）、硫及木炭的混合物，可以制成猛烈燃烧的黑色炸药。在唐代，改进了由西域传来的制糖方法，比原来的方法更完善。到宋代和明代时，在合金制造方面，更有不少改进和发明，最可注意的是炼锌法的发明及其应用。黄铜的制造方法在明代也有了较大的改进。

所有这些，都是我国古代劳动人民辛勤劳动的成果，是世界化学史上辉煌的一页，是值得我们自豪的。但是，由于当时的社会制度，劳动人民的血汗结晶，被封建王朝统治阶级所

掠夺，所以生产力发展极慢，使我国化学工业和其他工业一样，长期处于落后状态，直到 20 世纪初，我国民族工业家才在国内创办了永利化学公司、天原电化厂等少量的化学工厂。

2. 我国化学工业现状

新中国成立以来，我国的化学工业和其他工业一样，发展十分迅速，化工产品的品种和产量都有了显著的增加。现在，我国是化学品生产和使用大国，主要化学品产量和使用量都居世界前列。目前全球能够生产十几万种化学品，我国能生产化学品 4 万多种（包括各种品种、规格）。据统计，2004 年化肥总产量 4519.8 万吨、硫酸 3824.9 万吨、纯碱 1266.8 万吨、染料 84.3 万吨，居世界第一；原油加工量 2.73 亿吨、烧碱 1060.3 万吨，居世界第二；乙烯 625 万吨，居世界第三。2008 年全国化学品生产销售收入 65843 亿元，职工人数 614 万。

从与农业密切相关的化学肥料和农药来看，发展也很迅速，氮、磷、钾肥的品种增加到几十种之多，复合肥料、镁肥、硼肥和其他微量元素化学肥料如锰、锌、铜等也日渐得到重视和发展。

在化学工业行业方面，我们已有了基本有机合成化学工业、石油化学工业、合成橡胶工业、合成纤维工业、塑料工业、涂料工业、医药工业、试剂工业和农药工业等 20 多种。这些工业，在新中国成立前基本上是空白，如涂料工业、医药和试剂工业；塑料工业等虽然有少数品种的生产，但它们的原料、设备以及生产技术等，却大都依赖进口，而且只能进行某些加工或者规模很小的生产，不能作为一种独立的行业和体系存在。新中国成立后，在党和政府的正确领导下，各化工行业都得到了迅速的发展。不仅从原料到生产成品，而且生产中所需用的成套设备，基本上也能够自行设计、自行制造了。随着经济建设的高速度发展，国民经济各部门不断地对化学工业提出新的要求，这必将促使化学工业更快地向现代化的方向发展。

第一章 化学量与单位

第一节 法定计量单位的组成

一、概述

法定计量单位是国家以法令的形式明确规定要在全国采用的计量单位。我国国务院 1959 年 6 月 25 日发布《关于统一计量制度的命令》中提出的统一公制计量单位中文名称方案就是我国的法定计量单位，该命令确定以公制（现称米制）为基本计量制度。

《中华人民共和国计量法》中第三条规定："国际单位制计量单位和我国选定的其他计量单位，为国家法定计量单位。"1984 年 2 月 27 日国务院颁布的《中华人民共和国法定计量单位》，以及国家标准局 1986 年 5 月 19 日发布的国家标准 GB 3100～3102—86《量和单位》中规定使用的计量单位，而新的修订本 GB3100～3102—93 是国家技术监督局 1993 年 12 月 27 日批准，1994 年 7 月 1 日实施，它是我国现行的法定计量单位。新颁布的法定计量单位等效采用国际标准 ISO 1000：1992《SI 单位及其倍数单位和一些其他单位的应用推荐》，参照采用国际计量局《国际单位制（SI）》（1991 年第 6 版）制订。法定计量单位更加完整、结构简单、科学性强、使用方便、易于推广等优点。

法定计量单位可简称为法定单位。实行法定计量单位，对我国国民经济和文化教育事业的发展，推动科学技术的进步和扩大国际交流有重要意义。

二、我国法定计量单位

1. 国际单位制的构成

国际单位制的国际简称为 SI，是于 1960 年第 11 届国际计量大会上通过的。

国际单位制的构成：

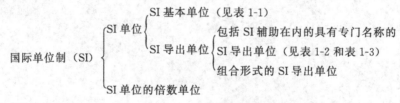

（1）国际单位制单位 以表 1-1 中的 7 个基本单位为基础。

（2）SI 导出单位 导出单位是用基本单位以代数形式表示的单位。这些单位符号中的乘和除采用数学符号。例如速度的 SI 制单位为米每秒（m/s）。属于这种形式的单位称为组合单位。

某些 SI 导出单位具有国际计量大会通过的专门名称和符号，见表 1-2 和表 1-3。使用这些专门名称并用它们表示其他导出单位，往往更为方便、准确。如热和能量的单位通常用焦耳（J）代替牛顿米（N·m）。

表 1-1 国际单位制的基本单位

量的名称	单位名称	单位符号	量的名称	单位名称	单位符号
长度	米	m	热力学温度	开[尔文]	K
质量	千克(公斤)	kg	物质的量	摩[尔]	mol
时间	秒	s	发光强度	坎[德拉]	cd
电流	安[培]	A			

注:1. 圆括号中的名称,是它前面的名称的同义词,下同。

2. 无方括号的量的名称与单位名称均为全称。方括号中的字,在不致引起混淆、误解的情况下,可以省略。去掉方括号中的字即为其名称的简称,下同。

3. 人民生活和贸易中,质量习惯称为重量。

表 1-2 包括 SI 辅助单位在内的具有专门名称的 SI 导出单位

量的名称	SI 导出单位		
	名称	符号	用 SI 导出单位和 SI 导出单位表示
[平面]角	弧度	rad	$1rad=1m/m=1$
立体角	球面度	sr	$1sr=1m^2/m^2=1$
频率	赫[兹]	Hz	$1Hz=1s^{-1}$
力	牛[顿]	N	$1N=1kg \cdot m/s^2$
压力,压强,应力	帕[斯卡]	Pa	$1Pa=1N/m^2$
能[量],功,热量	焦[耳]	J	$1J=1N \cdot m$
功率,辐[射能]通量	瓦[特]	W	$1W=1J/s$
电荷[量]	库[仑]	C	$1C=1A \cdot s$
电压,电动势,电位,(电势)	伏[特]	V	$1V=1W/A$
电容	法[拉]	F	$1F=1C/V$
电阻	欧[姆]	Ω	$1\Omega=1V/A$
电导	西[门子]	S	$1S=1\Omega^{-1}$
磁通[量]	韦[伯]	Wb	$1Wb=1V \cdot s$
磁通[量]密度,磁感应强度	特[斯拉]	T	$1T=1Wb/m^2$
电感	亨[利]	H	$1H=1Wb/A$
摄氏温度	摄氏度	℃	$1℃=1K$
光通量	流[明]	lm	$1lm=1cd \cdot sr$
[光]照度	勒[克斯]	lx	$1lx=1lm/m^2$

表 1-3 由于人类健康安全防护上的需要而确定的具有专门名称的 SI 导出单位

量的名称	SI 导出单位		
	名称	符号	用 SI 基本单位和 SI 导出单位表示
[放射性]活度	贝可[勒尔]	Bq	$1Bq=1s^{-1}$
吸收剂量 比授[予]能 比释动能	戈[瑞]	Gy	$1Gy=1J/kg$
剂量当量	希[沃特]	Sv	$1Sv=1J/kg$

（3）SI 单位的倍数单位　表 1-4 给出了 SI 词头的名称、简称及符号（词头的简称为词头的中文符号）。词头用于构成倍数单位（十进倍数单位与分数单位），但不得单独使用。

表 1-4　SI 词头

因　数	词头名称		符　号
	英　文	中　文	
10^{24}	yotta	尧[它]	Y
10^{21}	zetta	泽[它]	Z
10^{18}	exa	艾[可萨]	E
10^{15}	peta	拍[它]	P
10^{12}	tera	太[拉]	T
10^{9}	giga	吉[咖]	G
10^{6}	mega	兆	M
10^{3}	kilo	千	k
10^{2}	hecto	百	h
10^{1}	deca	十	da
10^{-1}	deci	分	d
10^{-2}	centi	厘	c
10^{-3}	milli	毫	m
10^{-6}	micro	微	μ
10^{-9}	nano	纳[诺]	n
10^{-12}	pico	皮[可]	p
10^{-15}	femto	飞[母托]	f
10^{-18}	atto	阿[托]	a
10^{-21}	zepto	仄[普托]	z
10^{-24}	yocto	幺[科托]	y

2. 我国法定计量单位

除了全部国际单位制的单位外，我国法定计量单位中还包括表 1-5 中给出的 SI 制外单位，其构成如下：

我国法定计量单位 $\begin{cases}\text{SI 单位}\begin{cases}\text{SI 基本单位（见表 1-1）}\\\text{SI 导出单位（见表 1-2 和表 1-3）}\end{cases}\\\text{国家选定的 SI 制外单位（见表 1-5）}\\\text{由以上单位构成的组合形式单位}\\\text{由以上单位加 SI 词头构成的倍数和分数单位}\end{cases}$

表 1-5　可与国际单位制单位并用的我国法定计量单位

量的名称	单位名称	单位符号	与 SI 单位的关系
时间	分	min	$1min=60s$
	[小]时	h	$1h=60min=3600s$
	日（天）	d	$1d=24h=86400s$
[平面]角	度	°	$1°=(\pi/180)rad$
	[角]分	′	$1'=(1/60)°=(\pi/10800)rad$
	（角）秒	″	$1''=(1/60)'=(\pi/648000)rad$

量的名称	单位名称	单位符号	与SI单位的关系
体积	升	L,l	$1L=1dm^3=10^{-3}m^3$
质量	吨 原子质量单位	t u	$1t=10^3kg$ $1u\approx1.660540\times10^{-27}kg$
旋转速度	转每分	r/min	$1r/min=(1/60)s^{-1}$
长度	海里	nmile	$1nmile=1.852km$(只用于航行)
速度	节	kn	$1kn=1nmile/h=(1852/3600)m/s$(只用于航行)
能	电子伏	eV	$1eV\approx1.602177\times10^{-19}J$
级差	分贝	dB	
线密度	特[克斯]	tex	$1tex=10^{-6}kg/m$
面积	公顷	hm^2	$1hm^2=10^4m^2$

注：1. 平面角单位度、分、秒的符号，在组合单位中应采用 (°)、(′)、(″) 的形式。例如：不用°/s，而用 (°) /s。

2. 升的两个符号属于同等地位，可任意选用。

3. 公顷国际通用符号为 ha。

三、国际单位制基本单位的定义

（1）米（m） 米是光在真空中（1/299792458）s 时间间隔为所经路径的长度。

（2）千克（公斤）（kg） 千克是质量单位，等于国际千克原器的质量。

（3）秒（s） 秒是铯133原子基态的两个超精细能级之间跃迁所对应的辐射的9192631770个周期的持续时间。

（4）安培（A） 安培是电流的单位。在真空中，截面积可忽略的两根相距1m的无限长平行圆直导线内通以等量恒定电流时，若导线间相互作用力在每米长度上为$2\times10^{-7}N$，则每根导线中的电流为1A。

（5）开尔文（K） 热力学温度开尔文是水三相点热力学温度的1/273.16。

（6）摩尔（mol） 摩尔是一系统的物质的量，该系统中所包含的基本单元数与0.012kg碳12的原子数目相等。在使用摩尔时，基本单元应予指明，可以是原子、分子、离子、电子及其他粒子，或是这些粒子的特定组合。

（7）坎德拉（cd） 坎德拉是一光源在给定方向上的发光强度，该光源发出频率为$540\times10^{12}Hz$的单色辐射，且在此方向上的辐射强度为（1/683）W/sr。

第二节 化工常用的量和单位

化工生产和设计上经常使用许多物理量，因此。对物理量的了解非常有必要，本节将对部分物理量作简单介绍。

一、质量单位

质量的法定基本单位是千克，它等于国际千克原器的质量，符号为 kg。

由于历史的原因，千克虽然是基本单位，但是它的中、外名称和符号里却包含了词头千（k）。为了避免出现词头重叠，质量的倍数和分数单位不是在千克（kg）而是在克（g）前加词头。例如：

0.000001 千克＝$1×10^{-6}$千克，不写成 1μkg（微千克），而应写成 1mg（毫克）。

分析检验工作中常用的质量单位有 kg（千克）、g（克）、mg（毫克）、μg（微克）。

$1g=1.0×10^{-3}kg=1.0×10^3mg=1.0×10^6μg=1.0×10^9ng$

二、温度单位

按照国际单位制规定，热力学温度是基本温度。开尔文是热力学温度的 SI 单位名称，其定义为：开尔文（K）是热力学温度单位，等于水的三相点热力学温度的 1/273.16。

摄氏温度是表示摄氏温度的 SI 单位名称，其定义为：摄氏度（℃）是用以代替开尔文表示摄氏温度的专门名称。

摄氏温度单位"摄氏度"与热力学温度单位"开尔文"之间的数值关系是

$$t/℃＝T/K－273.15$$

例如：水的沸点用摄氏温度表示为 100℃；而用热力学温度表示，则为 373.15K。

三、力及重力单位

力、重力单位牛顿的定义为：牛顿是施加在质量为 1 千克的物体上使之产生 1 米每二次方秒加速度所需的力。牛顿的符号为 N。

$$1N=1kg·1m/s^2$$
$$=1kg·m/s^2$$

力的单位是根据牛顿第二定律的物理方程式 $F＝ma$ 导出的。在国际单位制中，质量 m 的单位是千克（kg），加速度 a 的单位是米每二次方秒（m/s^2），代入式 $F＝ma$，得

$$F=[m][a]=kg·m/s^2$$

这就是力的 SI 单位，读作"千克米每二次方秒"。

四、压力和压强单位

压力、压强的法定计量单位是帕斯卡，其定义为：帕斯卡是 1 牛顿的力均匀而垂直地作用在 1 平方米的面上所产生的压力。帕斯卡的符号为 Pa。

$$1Pa=1N/m^2$$

五、能量、功及热的单位

能量、功、热单位焦耳的定义是：1 牛顿的力作用点在力的方向上推进一米距离所做的功。焦耳的符号为 J。

$$1J=1N·1m=1kg·m^2/s^2$$

六、体积单位

体积的 SI 单位为立方米，符号为 m^3。常用的倍数和分数单位有 km^3（立方千米）、dm^3（立方分米）、cm^3（立方厘米）、mm^3（立方毫米）。

$$1m^3=1.0×10^3dm=1.0×10^6cm$$

按照国际单位制规定，所有计量单位都只给予一个单位符号，唯独升例外，它有两个符号，一个大写的 L 与一个小写的 l。升的名称不是来源于人名，本应用小写体字母 l 作符号。但是小写体字母 l 极易与阿拉伯数字 1 混淆带来误解。

七、B 的质量浓度和密度

（1）B 有的质量浓度　根据 GB 3102.8—93 中 8～11.2 的规定，B 的质量浓度定义为：

B的质量除以混合物的体积，符号为ρ_B，即：

$$\rho_B = m_B/V \qquad\qquad (1\text{-}1)$$

式中　ρ_B——B的质量浓度，kg/L；

　　　m_B——B的质量，kg；

　　　V——混合物的体积，L。

其SI单位是千克每立方米（kg/m^3），常用单位是kg/L、g/L、mg/L等。

B的质量浓度ρ_B主要用来表示元素标准溶液和基准溶液的浓度，化工分析中的仪器分析，用此浓度表示标准溶液用得较多。同时也常用来表示一般溶液浓度和水质分析中各组分的含量，不管用何种溶液的浓度表示，一般情况下，都是用于溶质为固体的溶液。

应用ρ_B来表示浓度时，应注意以下几点。

① 用来表示元素标准溶液或基准溶液和水组分含量时，应该标明量的符号，并在ρ的符号后用括号标明基本单元。如$\rho(Ag^+) = 5mg/L$，或$\rho(Ag^+)/(mg \cdot L^{-1}) = 5$。

② 一般情况下，用ρ_B表示元素标准溶液的浓度时，只写整数，或需要写小数时，只保留小数点后的非零数字。这种表示法不考虑关于有效数字的规定。如：$\rho(Ag^+) = 2mg/mL$；不写成$\rho(Ag^+) = 2.0mg/mL$。

【例1-1】 称取氯化钠质量25g，溶于水后稀释至1L溶液，求氯化钠的质量浓度为多少？

解 根据式(1-1)得

$$\rho(NaCl) = m(NaCl)/V$$
$$= 25g/1L$$
$$= 25g/L$$

【例1-2】 用$\rho(K_2Cr_2O_7) = 1mg/mL$的贮备液制备$\rho(K_2Cr_2O_7) = 20\mu g/mL$的工作液250mL，应取贮备液多少体积？

解 因　$\rho_1 V_1 = \rho_2 V_2$

则　　　　　$$V_1 = \frac{20 \times 10^{-3} mg/mL \times 250mL}{1mg/mL}$$
$$= 5mL$$

（2）密度（质量密度）　根据GB3102.8—93中8～11.1的规定，密度定义为质量除以体积，符号为ρ，即：

$$\rho = m/V \qquad\qquad (1\text{-}2)$$

式中　ρ——物质的密度，kg/m^3；

　　　m——物质的质量；kg；

　　　V——物质的质量m所占有的体积，m^3。

其SI制单位是千克每立方米（kg/m^3），常用单位是g/cm^3、g/dm^3、g/L、g/mL。

【例1-3】 在标准状态下测得0.715g、SO_2气体占有的体积为$0.25dm^3$，求SO_2气体的密度？

解 根据式(1-2)得

$$\rho = 0.715g/0.25dm^3$$
$$= 2.86g/dm^3$$
$$= 2.86g/L$$

习　题

1. 我国法定计量单位组成有哪些？
2. 国际单位制基本单位有哪些？
3. 什么叫摩尔？
4. 什么叫密度？常用单位有哪些？
5. 什么叫温度？

第二章 工业化学基础知识

第一节 工业化学基本概念

一、化工原料及产品

1. 化工原料

化工原料，就物质来源来说，有无机原料和有机原料。就生产程序来说，有起始原料、基本原料和中间原料。起始原料是人们经过开采、种植、收集等生产劳动获得的原料。基本原料是从起始原料经过加工制得的原料。中间原料是从基本原料再加工制得的原料。它们之间的区分，不是绝对的，而是相对的。比如从矿山中开采出来的煤，可用作燃料；但它又可当作起始原料与石灰在电炉中熔融制成电石，这又是基本原料；而以后又由电石发生乙炔，由乙炔生产乙醛、醋酸、丙酮等中间原料。我国早在东汉或三国时期就已利用了天然气煮盐；石炭（煤）的利用虽然现在找不到确切的年代，但是 210 年就有了记载；北宋时（11世纪）就用过猛大油和石油。煤、石油和天然气在当时只是用做燃料，到近代才又发展作为原料，人们经过生产劳动，扩大起始原料的品种和用途，改进旧的生产方法，采用新的生产方法，使比较简单的化学工艺逐渐发展成为丰富多彩的化学工业。

（1）无机原料 起始的无机原料主要是空气、水和化学矿物，通过一系列的工艺过程又制出了作为无机原料的酸、碱、盐和氧化物四大类产品。这些原料不仅在化工生产中用途很广，其他工业部门有许多生产也离不了它，有的是直接的，有的是间接的，通常这时就不再分基本无机原料和中间无机原料。

酸、碱、盐及氧化物，在某些场合是化工原料，在某些场合又是化工产品。

（2）有机原料 起始的有机原料主要是农、林、牧、副、渔类产品，以及煤、石油和天然气。如粮食发酵生产乙醇、丙酮、柠檬酸等。随着石油工业的发展，基本有机原料主要是烃类，如脂肪烃、脂环烃、芳香烃等。中间有机原料往往系中间体，它们的种类很多，有的是烃类的含氧化合物，例如苯胺等。有的是烃类的含氯化合物，例如氯乙烯。此外，还有含磷化合物、含氟化合物等。

2. 化工产品

化工企业使化工原料经过单元过程和单元操作而制得的可作为生产资料和生活资料的成品，都是化工产品。如化学肥料、农药、塑料、合成纤维、合成橡胶等。化工产品一般分为三类。

（1）成品 为了制出所需的产品，在工艺过程中，原料常常要经过几个步骤的处理，最后一个步骤所得到的产品叫成品。

（2）半成品 当原料在经过几个步骤的处理过程中，其任意一个中间步骤所得到的产品，均可称为半成品或中间产品。如一个尿素工厂，合成氨车间的产品为液氨，若液氨出售则为产品；若将液氨全部加工为尿素，则液氨又称为半成品。如硝基苯、苯胺等可用于各种化工产品的制备，故称为中间体。

（3）副产品　生产过程中附带生产出来的非主要产品，称为副产品。副产品与产品是相对的，主要是根据企业的性质来决定的。如裂解柴油馏分生产乙烯的过程中，也生产裂解汽油副产品。

二、生产过程主要指标

1. 生产能力

生产能力表示在采用先进的技术定额和完善的劳动组织等情况下，设备在单位时间内生产产品的最大可能性，一般以设备的设计能力计算，如泵的生产能力用 L/min 或 m³/h 来表示。

2. 生产强度

生产强度是指设备的单位容积或单位面积（或底面积）在单位时间内得到产物的数量（以千克来表示）。提高生产强度，可以在同一设备中取得更多的产品。

3. 产率

产率是化学反应过程中得到目的产品的百分率。

常用产率指标为理论产率。理论产率是以产品理论产量为基础来计算的产率，即化学反应过程中所得目的产品量占理论产量的百分率。

$$产率 = \frac{实际原料转变为成品的质量}{理论计算原料转变为成品的质量} \times 100\%$$

$$或产率 = \frac{实际产量}{理论最高产量} \times 100\%$$

4. 转化率

转化率是原料中某一反应物转化掉的量（摩尔）与初始反应物的量（摩尔）的比值，它是化学反应进行程度的一种标志。

工业生产中有单程转化率和总转化率，其表达式为：

$$单程转化率 = \frac{转化到反应器的反应物 - 从反应器中输出的反应物}{输入到反应器的反应物}$$

$$总转化率 = \frac{输入到过程的反应物 - 从过程中输出的反应物}{输入到过程的反应物}$$

简化后可写为：

$$转化率 = \frac{反应物的反应量}{反应物的进料量}$$

以数学表达式为：

$$x_A = \frac{n_{AO} - n_A}{n_{AO}}$$

式中　n_{AO}——原料中某反应物的初始量，mol；

n_A——反应后某反应物的量，mol。

第二节　催　化　剂

催化剂是为改变化学反应的速率而加入的一种物质，其本身在反应前后的化学状态不发生变化，而且又不出现在化学计量方程式中。有催化剂存在的化学反应，叫催化反应。使反应速率加快的催化剂为正催化剂，使反应速率减慢的催化剂为负催化剂。正催化剂在工业上用得最多，范围最广。例如，二氧化硫被催化而反应生产三氧化硫，用的是五氧化二钒催化剂；一氧化碳被变换，转而催化生成二氧化碳，则是用四氧化三铁作催化剂。负催化剂，一般又称抑制剂，种类亦很多，应用也较广，它主要应用在有机化工工业上。例如，油脂、橡胶等工业中所用的抗氧化剂、泡沫抑制剂、缓蚀剂、乙烯基树脂阻化剂、高分子阻聚剂等。在催化剂中还常常加入一些其他辅助物质，它们的量很少，单独使用时没有催化活性或只有很小的活性，但加入后能够改善催化剂的性能，如活性、选择性、稳定性、抗毒性等，这种添加的物质称为助催化剂。助催化剂虽然在催化剂中占的分量很少，但却起着很重要的作用。助催化剂，按其作用机理不同，一般又可分为结构助催化剂和电子催化剂等。

在化工产品合成的工业生产中，使用催化剂的目的是加快主反应的速率，减少副反应，使反应定向进行，缓和反应条件，降低对设备的要求，从而提高设备的生产能力和降低产品成本。某些化工产品虽然在理论上是可以合成的，之所以长期以来不能实现工业化生产，就是因为未研究出适宜的催化剂，反应速率太慢。因此，在化工生产中研究、使用和选择合适的催化剂具有十分重要的意义。

工业上为了合理地使用催化剂，通常对催化剂的性能提出如下要求：

① 具有较高活性和选择性；

② 具有合理的流体流动性质，有最佳的颗粒形状；

③ 有足够的力学性能、热稳定性和耐毒性，使用寿命长；

④ 原料来源方便，制备容易，成本低；

⑤ 毒性小；

⑥ 易生产。

因此，一种性能优良的催化剂，也是需要通过无数次催化反应实验，方能得到。

第三节　化工单元过程与操作

一、化工单元过程

化工生产，具备了足够的化工原料，还不能说就具备了生产的条件。在化工原料问题解决之后，首先拟定的是化工单元过程或化工单元反应，即在原料变成产品的过程中，需要了解通过哪些化学反应，和了解如何实现这些反应。

不同性质的原料，采用不同的加工方法，才有可能获得需要的产品；同一原料，却能生产出不同的产品；这些都由化工单元过程来确定的。

化工单元过程是具有共同的化学变化特点的基本过程，它是由各种化工生产过程概括而得。例如碳的燃烧生成二氧化碳和硫的燃烧生成二氧化硫，都具有单质元素和氧化合的特点，因此，可以概括为一个氧化的化工单元过程。同一个单元过程，具有同一化工生产反应。

单元是指围绕着一个目的或中心问题而组成的内容（共同点）。一般来说，化工单元过程有的是化合，有的是分解，有的是取代（置换），有的是双分解，在具体单元过程中有的是单一的化学反应，有的是两种反应，甚至是多种反应的结合。下面介绍主要的化工单元过程。

1. 氧化

氧化是指失去电子的作用，或指物质与氧的化合反应。氧化剂指能氧化其他物质而自身被还原的物质，也就是在氧化还原反应中得到电子的物质。常见的氧化剂有氧气（或空气）、重铬酸钠、重铬酸钾、双氧水、氯酸钾、铬酸酐以及高锰酸钾等。

氧化反应在化学工业中应用十分普遍，如硫酸、硝酸、醋酸、苯甲酸、苯酐、环氧乙烷、甲醛等基本化工原料的生产均是通过氧化反应制备的。硫黄氧化制备硫酸。其氧化反应过程为：

$$S + O_2 \longrightarrow SO_2$$
$$2SO_2 + O_2 \xrightarrow{V_2O_5} 2SO_3$$
$$SO_3 + H_2O \longrightarrow H_2SO_4$$

2. 还原

还原是指得到电子的作用或指物质被夺去氧或得到氢的反应。

还原剂指能还原其他物质而自身被氧化的物质，也就是在氧化还原反应中失去电子的物质。还原反应在化学工业中的应用十分普遍。如通过还原反应可以制备苯胺、环己烷、硬化油、萘胺等化工产品。如硝基苯还原制备苯胺。苯胺应用很广，主要用于染料、药物、橡胶硫化促进剂等。还原反应式为：

$$4\ \underset{}{\text{NO}_2}\text{—C}_6\text{H}_5 + 9\text{Fe} + 4\text{H}_2\text{O} \longrightarrow 4\ \underset{}{\text{NH}_2}\text{—C}_6\text{H}_5 + 3\text{Fe}_3\text{O}_4$$

3. 氢化

有机化合物和分子氢起反应的单元过程，通常在催化剂存在下进行，方法有加氢和氢解两种。

4. 脱氢

有机化合物脱去氢的单元过程，就是减少有机化合物分子中氢原子数目的过程。脱氢是一个重要的单元过程，其中有催化脱氢和氧化脱氢两种，例如丁烷或丁烯脱氢成丁二烯。

5. 水合

水合或水化是物质和水起化合的单元过程。水合有两种形式：

① 以整个水分子进行水合。生成的含水分子是水合物或水化物；

② 以水分子组分进行水合。例如乙烯水化成乙醇，乙炔水化成乙醛。

6. 脱水

脱水和水合是两个相反的过程。脱水有两种形式：

① 脱去整个水分子，例如碳酸钠＋水化合物脱水成无水碳酸钠；

② 脱去水分子组分，例如乙醇在不同条件下脱水成乙烯或乙醚。

7. 氯化

氯化是指以氯原子取代有机化合物中氢原子的反应。根据氯化反应条件的不同，有热氯化、光氯化、催化氯化等，在不同条件下，可得不同产品。工业生产通常采用天然气（甲烷）、乙烷、苯、萘、甲苯及戊烷等原料进行氯化，制取溶剂、各种杀虫剂等产品。如氯仿、四氯化碳、氯乙烷、苯酚、1-氯萘等产品。天然气（甲烷）氯化生产氯仿和四氯化碳等产品。

$$CH_4 + 3Cl_2 \longrightarrow CHCl_3 + 3HCl$$
$$CH_4 + 4Cl_2 \longrightarrow CCl_4 + 4HCl$$

8. 硝化

硝化通常是指在有机化合物分子中引入硝基—NO_2 取代氢原子而生成硝基化合物的反应。常用的硝化剂是浓硝酸或混酸（浓硝酸和浓硫酸的混合物）。

硝化是染料、炸药及某些药物生产中的重要反应过程。通过硝化反应可生产硝基苯、TNT、硝化甘油、对硝基氯苯、苦味酸、1-氨基蒽醌等重要化工医药原料。如甘油硝化制取硝化甘油。硝化反应式为：

$$\begin{array}{c} CH_2-OH \\ | \\ CH-OH \\ | \\ CH_2-OH \end{array} + 3HNO_3 \xrightarrow{H_2SO_4} \begin{array}{c} CH_2-ONO_2 \\ | \\ CH-ONO_2 \\ | \\ CH_2-ONO_2 \end{array} + 3H_2O$$

9. 磺化

磺化是在有机化合物分子中引入磺（酸）基—SO_3H 的反应。磺化一般有两种方法：直接磺化和间接磺化。常用的磺化剂有发烟硫酸、亚硫酸钠、焦亚硫酸钠、亚硫酸钾、三氧化硫、氯磺酸等。

磺化是有机合成中的一个重要过程，在化工生产中的应用较为普遍。如苯磺酸、磺胺、快速渗透剂 T、太古油等重要化工医药原料。苯与硫酸直接磺化制备苯磺酸。苯磺酸主要用于经碱熔制苯酚，也用于制间苯二酚等。其磺化反应式为：

$$\text{苯} + H_2SO_4 \longrightarrow \text{苯磺酸}(SO_3H) + H_2O$$

10. 胺化

有机化合物与氨分子作用，其中一个、二个或三个氢原子被置换而成为胺化合物的单元过程。胺化方法很多，主要有还原和氨解两种。

11. 烷基化

烷基化亦称为烃化，是在有机化合物分子的氮、氧、碳等原子上引入烷基 R—的反应。常用的烷基化剂有烯烃、卤代烷、硫酸烷酯和饱和醇类等。苯胺和甲醇作用制备 N,N-二甲基苯胺。

$$\text{苯胺}(NH_2) + 2CH_3OH \xrightarrow{H_2SO_4} \text{N(CH}_3)_2 + 2H_2O$$

12. 脱烷基

有机化合物分子中脱去烷基的单元过程，一般是脱去和碳原子连接的烷基。脱烷基方法主要有两种：

① 催化剂；

② 加热加氢法。

13. 酯化

酯化通常指醇和酸作用而成酯和水的单元过程。酯化有两种形式：

① 醇和有机酸进行酯化；

② 醇和无机酸进行酯化。

14. 聚合

聚合反应是将若干个分子结合为一个较大的组成相同而分子量较高的化合物的反应。按照聚合的方式可分为个体聚合、悬浮聚合、溶液聚合、乳液聚合以及缩合聚合。聚合反应广泛应用于塑料及合成树脂工业中。如合成聚氯乙烯等各种合成橡胶以及乳胶、化学纤维等重要化学品的生产都离不开聚合反应。

$$n CH_2 = CH_2 \longrightarrow + CH_2 - CH +_n$$
$$\qquad\qquad\quad | \qquad\qquad\qquad |$$
$$\qquad\qquad\quad Cl \qquad\qquad\qquad Cl$$

15. 电解

电解是电流通过电解质溶液或熔融电解质时,在两个电极上所引起的化学变化。电解在工业上有着广泛的作用。如氢气、氯气、氢氧化钠、双氧水、高氯酸钾、二氧化锰、高锰酸钾等许多基本工业化学产品的制备都是通过电解来实现的。如电解氯化钠可得到氢气、氯气、氢氧化钠。

$$2NaCl + 2H_2O \xrightarrow{\text{电解}} 2NaOH + H_2 \uparrow + Cl_2 \uparrow$$

二、化工单元操作

在化工生产中,化工原料除了需要通过单元过程使原料起反应以外,还需要用单元操作以制得半成品或成品。化工单元操作就是具有共同的物理变化特点的基本操作,它是由各种化工生产操作概括而得。例如烧碱稀溶液的浓缩和蔗糖稀溶液的浓缩,它们操作的目的,都是要把溶液加热蒸发而除去水分,这样,就可以概括为一个蒸发的单元过程。

化工单元操作和化工单元过程不同之处在于:其一,化工单元操作是以物理方法为主的处理方法,而不是以化学方法为主的处理方法;其二,化工单元操作具有共同物理变化特点,而不具有共同化学变化特点。

比较重要的化工单元操作,大致可以归纳为五类:

① 关于流体流动过程的单元操作,如流体输送、过滤、固体流态化等。

② 关于热传递过程的单元操作,如蒸发、冷却等。

③ 关于物质传递过程的单元操作,如气体吸收、蒸馏、精馏、萃取、浸取、吸附、干燥等。

④ 关于热力过程的单元操作,如气体液化、冷凝等。

⑤ 关于机械过程的单元操作,如固体输送、粉碎、筛选等。

习 题

1. 什么叫催化剂? 在化工生产中有何意义?

2. 化工生产中对催化剂的性能有何要求?

3. 什么叫化工单元过程,一般有哪些单元过程?

4. 什么叫化工单元操作? 比较重要的化工单元操作一般分为哪五类?

第三章　化工常用机械与设备

　　化学工业是用化学方法和物理方法对化工原料进行加工，使其结构和形态发生变化，生成新物质，获得生活资料和生产资料的工业。在化工厂中，原料不断地从工艺前面加入，而化工产品源源不断地被生产出来，是通过一定的化工单元操作和单元反应相互配合来完成的。

　　特定的单元操作，需要特定的设备来完成，同样，特定的单元反应则由特定的反应器完成。实际上，正是由单元操作设备和反应器组成了设备林立、管道如织的化工厂，完成了化工产品的生产。所以，可以说，化工生产机械和设备是化工厂的核心。

第一节　化工机械与设备的分类

　　一般对化工机械和设备的分类是按照具体操作和功能来分类的。例如物料输送设备基本上有固体输送机械、液体输送机械、气体输送机械，而根据机械的具体结构、工作原理等的不同，又可以进行进一步的细分。化工机械与设备的具体分类如表 3-1 所示。

表 3-1　化工机械与设备的分类

化工机械设备类别	类　型	主要设备
管道设备	管子 管件 辅助设备	金属（黑色、有色）管、非金属管、阀门、管件（弯头、三通）、管接（活管接）、支撑架、热补偿器等
物料输送设备	固体输送机械 气体输送机械 液体输送机械	皮带运输机、斗式运输机、螺旋运输机、通风机、鼓风机、压缩机、真空泵、往复泵及其他类型的泵
化工反应设备	反应塔 反应器 反应炉 反应釜	合成塔 流化床反应器 管式炉 搅拌釜式反应器
分离设备	固-固分离 液-液分离 气-气分离 液-固分离 气-固分离 气-液分离	浮选槽、筛分槽 精馏塔、萃取塔、蒸馏塔 吸收塔、过滤器、分子筛吸附器 沉降器、过滤器、离心机 旋风分离器、电沉降器、袋式过滤器 除雾器、除沫器
传热设备	加热冷却设备 蒸发结晶设备 干燥设备	加热器、冷却器、换热器 蒸发器、结晶器 干燥器
粉碎设备	破碎设备 粉碎设备	颚式破碎机、锤击式破碎机 球磨机、研磨机、辊式磨碎机

化工机械设备类别	类 型	主要设备
冷冻设备	氨冷冻设备	氨冷凝器
	深度冷冻设备	主冷器
容器设备	贮存物料设备	料斗、储槽、气柜、酸槽、循环水槽
特殊操作设备	热力设备	高压锅炉、废热锅炉、汽轮机、发电机
	电力设备	变电设备、输电设备、配电设备

第二节 化工机械与设备的特点和要求

有些化学反应或物理变化要在高温、高压、真空、深冷等条件下进行，有许多物料具有易燃、易爆、易腐蚀、有毒等性质，这些特点决定了化工生产机械和设备的特殊性。

随着科技的不断发展，化工产品的种类日益繁多，生产方法日益多样，化工厂的竞争日益激烈，这些都对化工机械和设备提出了更高的要求。

概括起来有以下几点：

① 因为生产条件的特殊性，化工机械与设备与其他设备相比，要具有耐高温、高压、真空、深冷的特点；

② 因为介质的特殊性，化工机械设备要具有耐燃性、防爆炸、耐腐蚀性和防毒性等特点；

③ 因为化工生产的污染性，所以要求化工机械与设备要有高度的密闭性，避免或尽量减少生产过程中的"跑"、"冒"、"滴"、"漏"现象；

④ 由于生产技术不断提高，劳动生产率不断提高，对化工机械与设备的自动化和连续化的要求也在逐渐提高。

第三节 管 道 设 备

管道设备在化工生产中起着重要的作用，是化工厂的关键设备。管道把机器与设备连接起来，既起到输送的作用，又起到稳定生产的作用，甚至起到安全保护的作用。如果没有管道设备，机器与设备将失去作用，所以说管道的作用是极端重要的。而在实际生产中，管路的费用在设备费用中占相当大的比例。

化工生产系统庞杂、工艺流程长、工艺过程复杂、输送介质的性质和输送条件千差万别，例如高温、高压、低温、低压、易燃易爆、毒性、腐蚀性等，所以对管路的材质、壁厚、耐腐蚀性能、安装要求等各不相同，所以化工管路的种类繁多。

按输送介质的压力分，有高压管、中压管、低压管、常压管。

按照管路的材质分，有金属管和非金属管。金属管主要有钢管、不锈钢管和铜管、铝管等有色金属管；非金属管主要有玻璃管、陶瓷管、塑料管等。

按照输送介质的种类，可分为蒸汽管、压缩空气管、酸液管、碱液管、给水管、排水管等。

虽然种类千差万别，但是管路的基本组成还是有一定的相似性的，即化工管路是由管子、管件、阀门及支承架等附属结构组成的。

一、管子

管子是管路的主体，生产中使用的管子按管材不同可分为金属管、非金属管两种。

1. 金属管

常见的金属管如下。

(1) 无缝钢管 一般无缝钢管适用于压力较高的冷、热水管和蒸汽管道，一般在 0.6MPa 气压以上的管路都应采用无缝钢管。由于用途不同，所以管子所承受的压力也不同，要求管壁的厚度差别很大。因此，无缝钢管的规格是用外径×壁厚来表示的。热轧无缝钢管通常长度为 3.0~12.0m，冷拔无缝钢管通常长度为 3.0~10.0m。

(2) 焊接钢管 (有缝钢管) 焊接钢管又称黑铁管，将焊接钢管镀锌后则称为镀锌钢管 (白铁管)。按焊缝的形状可分为直缝钢管、螺旋缝钢管和双层卷焊钢管；按其用途不同又可分为水、煤气输送钢管；按壁厚分薄壁管和加厚管等。

(3) 合金钢管 合金钢具有高强度性，在同等条件下采用合金钢管可达到节省钢材的目的。

(4) 铸铁管 铸铁管分给水铸铁管和排水铸铁管两种。其特点是经久耐用，抗腐蚀性强、性质较脆，多用于耐腐蚀介质及给排水。铸铁管的连接形式分为承插式和法兰式两种。

(5) 有色金属管 包括铝管、铅管、铜管、钛管等。铝管多用于耐腐蚀性介质管道，用于输送浓硝酸、醋酸、脂肪酸、过氧化氢等液体及硫化氢、二氧化碳气体。铜管的导热性能良好，多用于制造换热器、压缩机输油管、低温管道、自控仪表以及保温拌热管和氧气管道等。

(6) 钛管 具有质量轻、强度高、耐腐蚀性强和耐低温等特点，常用于输送强酸、强碱及其他材质管道不能输送的介质。钛管虽然具有很多优点，但因价格昂贵，焊接难度很大，所以还没有得到广泛应用。

2. 非金属管

常见的非金属管如下。

(1) 混凝土管 主要用于输水管道，管道连接采取承插接口，用圆形截面橡胶圈密封。

(2) 陶瓷管 陶瓷管分普通陶瓷管和耐酸陶瓷管两种。一般都是承插接口。

(3) 玻璃管 玻璃管具有表面光滑，输送流体时阻力小，耐磨且价低，并具有保持产品高纯度和便于观察生产过程等特点。用于输送除氢氟酸、氟硅酸、热磷酸和热浓碱以外的一切腐蚀性介质和有机溶剂。

(4) 玻璃钢管 玻璃钢管质量轻、隔音、隔热，耐腐蚀性能好，可输送氢氟酸和热浓碱以外的腐蚀性介质和有机溶剂。

(5) 橡胶管 橡胶具有较好的物理力学性能和耐腐蚀性能。根据用途不同，可分为输水胶管、耐热胶管、耐酸碱胶管、耐油胶管和专用胶管 (氧乙炔焊接专用管)。

(6) 塑料管 常用的塑料管有硬聚氯乙烯 (PVC) 管、聚乙烯 (PE) 管、聚丙烯 (PP) 管和耐酸酚醛塑料管等。塑料管具有质量轻、耐腐蚀、加工容易 (易成型) 和施工方便等特点，在有些地方可以取代金属管。

二、管件

管件是用来连接管子、改变管路方向、变化管路直径、接出支路、封闭管路的管路附件的总称，一种管件可以有一种或多种功能，如弯头可以改变管路方向，也可以连接管路。化工生产中管件的种类很多，根据管件的材料来分，有水煤气钢管件、铸铁管件、塑料管件、耐酸陶瓷管件和电焊钢管管件，根据管件在管路中作用来分，有以下六类：

① 改变管路方向的管件，如弯头等。

② 连接两段管路的管件，如内外接头、活接头、法兰等。

③ 连接管路支路的管件，如三通、四通等。

④ 改变管路直径的管件，如大小头、异径管、内外螺纹管接头等。

⑤ 堵塞管路的管件，如管帽、丝堵、法兰盖等。

⑥ 连接固定钢管和临时胶管的管件，如吹扫接头等。

常见管件的种类和作用见表3-2。

表 3-2 管件的种类和作用

种类	用途	种类	用途
内螺纹管接头	俗称"死接头""管箍""内牙管"，用于连接两段公称直径相同的管子	等径三通	俗称"T形管"，用于接出支管或者连接三段公称直径相同的管子
外螺纹管接头	俗称"外牙管""外螺纹短接""处丝扣""外接头"，用于连接两段公称直径相同具有内螺纹的管子	异径三通	俗称"中小天"，可以从管路中接出支管，用于改变管路的方向或者连接三段公称直径不同的管子
活管接头	俗称"活接头""由壬"，用于连接两段公称直径相同的管子	等径四通	俗称"十字管"，用于连接具有相同公称直径的管子
异径管	俗称"大小头"，用于连接两段具有不同公称直径的管子	异径四通	俗称"大小十字头"，用于连接具有两种公称直径的管子
内外螺纹管接头	俗称"内外牙管"。用于连接一个公称直径较大的内螺纹的管件和一段公称直径较小的管子	外方堵头	俗称"丝堵""堵头"，用于封闭管路
等径弯头	俗称"弯头""肘管"，用于改变管路方向或者连接具有相同公称直径的管子，有45°和90°两种	管帽	俗称"闷头"，用于封闭管路
异径弯头	俗称"大小弯头"，用于改变管路方向或者连接具有不同公称直径的管子	锁紧螺母	俗称"背帽""根母"，它与内牙管联用

三、阀件

阀件是用来开启、关闭和调节流量及控制安全的机械装置，也称阀门。化工生产中，通过阀门可以调节流量、系统压力、流动方向，从而确保工艺条件的实现与安全生产。按照阀的构造和作用可以分为以下几种。

（1）旋塞（又名考克）　它的主要部件为一个空心的铸铁阀体中插入一个可旋转的圆形旋塞，旋塞中间有一个孔道，当孔道与管子相通时，流体即沿孔道流过，当旋塞转过90°，其孔道被阀体挡住，流体即被切断。

旋塞的优点是结构简单，启闭迅速，全开时流体阻力较小，流量较大，但不能准确调节流量，旋塞易卡住阀体难以转动，密封面易破损，故旋塞一般用在常压、温度不高、管径较小的场合，适用于输送带有固体颗粒的流体。如图3-1所示。

（2）截止阀　阀体内有一个Z形隔层，隔层中央有一圆孔，当阀盘将圆孔堵住时，管路内流体即被切断，因此，可以通过旋转阀杆使阀盘升降，隔层上开孔的大小发生变化而进行流体流量的调节。如图3-2所示。

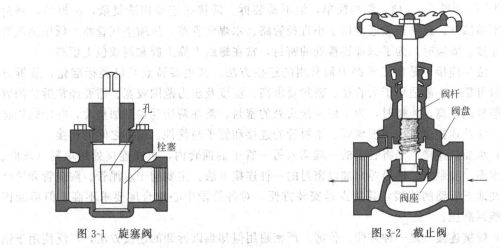

图3-1　旋塞阀　　　　　　　　　　　　图3-2　截止阀

截止阀结构复杂，流体阻力较大，但严密可靠，可以耐酸、耐高温和耐压力，因此可以用来输送蒸汽、压缩空气和油品。但不能用在流体黏性大、含有固体颗粒的液体物料，使阀座磨损，引起漏液。截止阀安装时一定要注意使流体流向与阀门进出口一致。

（3）闸板阀（又名闸阀）　阀体内装有一个闸板，转动手轮使阀杆下面的闸板上下升降，从而调节和启闭管路内流体的流量。闸阀全开时，流体阻力较小，流量较大，但闸阀制造修理困难，阀体高，占地多，价格较贵，多用在大型管路中作启闭阀门。不适用于输送含固体颗粒的流体。如图3-3所示。

（4）其他阀门　化工生产中常见的阀门还有安全阀、减压阀、止回阀和疏水阀等。

安全阀是为了管道设备的安全保险而设置的截断装置，它能根据工作压力而自动启闭，从而将管道设备的压力控制在某一数值以下。当设备内压力超过指标时，阀可自动开启，排除多余液体，压力复原后又自动关闭，从而保证其安全。主要用在蒸汽锅炉及中高压设备上。

减压阀是为了降低管道设备的压力，并维持出口压力稳定的装置。能自动降低管路及设备内的高压，达到规定的低压，保证化工生产安全，减压阀常用在高压设备上。例如，高压钢瓶出口都要接减压阀，以降低出口的压力，满足后续设备的压力要求。

止回阀称止逆阀或单向阀，是在阀的上下游压力差的作用下自动启闭的阀门，其作用是仅允许流体向一个方向流动，一旦倒流就自动关闭。常用在泵的进出口管路中，蒸汽锅炉的给水管路上。例如，离心泵在启动前需要灌泵，为了保证停车时液体不倒流，防止发生气缚现象，常在泵的吸入口安装一个单向阀。

疏水阀是一种能自动间歇排除冷凝液，并能自动阻止蒸汽排出的阀门。其作用是加热蒸汽冷凝后的冷凝水及时排除，又不让蒸汽漏出。几乎所有使用蒸汽的地方，都要使用疏水阀。

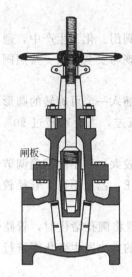

图 3-3 闸阀

四、管路的连接

管子与管子、管子与管件、管子与阀件、管子与设备之间连接的方式常见的有螺纹连接、法兰连接、承插式连接及焊接连接。

（1）螺纹连接 是依靠内、外螺纹管接头、活接头以丝扣方式把管子与管路附件连接在一起。以螺纹管接头连接管子时，操作方便，结构简单，但不易装拆。活接头连接构造复杂，易拆装，密封性好，不易漏液。螺纹连接通常用于小直径管路、水煤气管路、压缩空气管路、低压蒸汽管路等的连接。安装时，为了保证连接处的密封，常在螺纹上涂上胶黏剂或包上填料。

（2）法兰连接 是化工管路中最常用的连接方法。其主要特点是已经标准化，装拆方便，密封可靠，一般适用于大管径、密封要求高、温度及压力范围较宽、需要经常拆装的管路上，但费用较高。连接时，为了保证接头处的密封，需在两法兰盘间加垫片，并用螺栓将其拧紧。法兰连接也可用于玻璃管、塑料管的连接和管子与阀件、设备之间的连接。

（3）承插式连接 是将管子的一端插入另一管子的插套内，再在连接处用填料（丝麻、油绳、水泥、胶黏剂、熔铅等）加以密封的一种连接方法。主要用于水泥管、陶瓷管和铸铁管等埋在地下管路的连接，其特点是安装方便，对各管段中心重合度要求不高，但拆卸困难。不能耐高压。

（4）焊接连接 是一种方便、价廉、严密耐用但却难以拆卸的连接方法，广泛使用于钢管、有色金属管及塑料管的连接。主要用在不经常拆装的长管路和高压管路中。

五、化工管路的保温与涂色

为了维持生产需要的高温或低温条件，节约能源，维护劳动条件，必须采取措施减少管路与环境的热量交换，这就叫管路的保温。保温的方法是在管道外包上一层或多层保温材料。

化工生产中的管路很多，为了方便操作者区别各种类型的管路，应在不同介质的管道上（保护层外或保温层外）涂上不同颜色的油漆，称为管路的涂色。涂色方法主要有两种，其一是整个管路均涂上一种颜色（涂单色），其二是在底色上每间隔 2m 涂上一个 50～100mm 的色圈。常见化工管路的颜色如给水管为绿色，饱和蒸汽为红色，氮气、氨气管为黄色，真空管为白色，低压空气管为天蓝色，可燃液体管为银白色，可燃气体管为紫色，反应物料管为红色等。

六、化工管路的热补偿

化工管路的两端是固定的，由于管道内介质温度、环境温度的变化，必然引起管道产生热胀冷缩而变形，严重时将造成管子弯曲、断裂或接头松脱等现象。为了消除这种现象，工业生产中常对管路进行热补偿。热补偿方法主要有两种：一是依靠管路转弯的自然补偿方法，通常，当管路转角不大于 150°时，均能起到一定的补偿作用；另一种是在直线段管道每隔一定距离安装补偿器（也叫伸缩器）进行补偿。常用的补偿器主要有方形补偿器、波形补偿器、填料式补偿器和波纹式补偿器。

七、化工管路的防静电措施

静电是一种常见的带电现象，在化工生产中，由于电解质之间相互摩擦或电解质与金属之间的摩擦都会产生大量的静电，如当粉尘、液体和气体电解质在管路中流动，或从容器中抽出或注入容器时，都会产生静电。这些静电如不及时消除，很容易因产生电火花而引起火灾或爆炸。管路的抗静电措施主要是静电接地和控制流体的流速。

第四节　物料输送设备

要将原料和其他物料输送到工艺要求的反应器或设备中，就需要用物料输送机械，按照输送介质的不同，物料输送机械可以分为：固体输送机械、液体输送机械和气体输送机械。

一、固体输送设备

在化工生产中，往往要处理大量的固体物料，例如氯碱工业中的食盐、石灰石；合成氨生产中的原料煤；硫酸生产中的硫铁矿等。固体物料输送机械分为连续式物料输送机械和间断式物料输送机械。连续式物料输送机械有：带式运输机、螺旋输送机、埋刮板输送机和斗式提升机等。间断式输送机械有：有轨行车（包括悬挂输送机）、无轨行车、专用输送机等。下面做简要介绍。

1. 带式运输机

在短距离运输物料过程中，带式运输机的应用非常广泛，在食品、化工等行业都很多见。因为它具有以下优点：既可输送粉状、块状或粒状物料，又可输送成件的物料；不仅可作水平方向的输送，而且可以按一定倾斜角度向上输送；输送能力大，最高可达每小时数百吨甚至数千吨；还具有运输距离长，操作方便，看管工作量少，噪声小，在整个机长内的任何地方都可装料或卸料的优点。

带式运输机的结构由主要由输送带、滚筒、料斗、托辊、卸料装置、驱动装置等组成（见图 3-4）。

带式运输机的基本原理是借助一根移动的带子来输送固体物料。带条由主动轮带动，另一端由张紧轮借重力张紧（或借螺旋张紧）。带的承载段由支承装置的上托辊支承，空载段由下托辊支承，带式运输机物料由加料斗加在带上，到末端卸落。

带式运输机的主要性能有输送能力、带宽和带速等。

2. 斗式提升机

在带或链等牵引件上，均匀地安装着若干料斗，它可用来连续运送物料，这种运输设备即为斗式提升机。斗式提升机主要用于垂直、倾斜连续地输送散状物料。它结构简单，占地面积小，提升高度大（一般 12～20m，最高可达 30～60m）；密封性好，不易产生粉尘。但是它的料斗和牵引件易磨损，对过载的敏感性大。

斗式提升机主要由牵引件、传动滚筒、张紧装置、料斗、加料及卸料装置和驱动装置等组成（见图 3-5）。整个装置封闭在金属外壳内，一般传动滚筒和驱动装置放在提升机的上端，斗式提升机的牵引件有的是胶带，用于中小生产能力，中等提升高度，较轻物料。有的是链带，主要用于高提升高度，较重物料。斗式提升机的主要性能有提升能力和功率等。

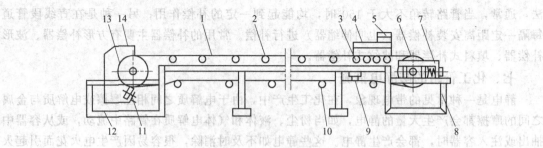

图 3-4 带式运输机

1—输送带；2—上托辊；3—缓冲托辊；4—导料板；5—加料斗；

6—改向滚筒；7—张紧装置；8—尾架；9—空段清扫器；

10—下托辊；11—弹簧清扫器；12—头架；

13—传动滚筒；14—头罩

斗式提升机的结构比带式运输机要复杂，运行速度及运运能力都比带式的低，而且它的密闭性较高，若运输湿度大的物料，会使设备受腐蚀，所以维修困难。

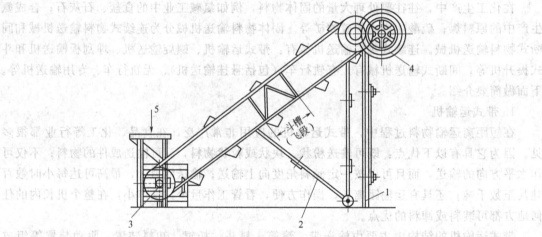

图 3-5 斗式提升机

1，2—支架；3—张紧装置；4—传动装置；5—装料门

3. 螺旋式运输机

螺旋式运输机是密封输送设备。主要用来输送粉状或粒状物料，能够起到输送、混合、挤压作用。它构造简单，横截面尺寸小，制造成本低，密封性好，操作方便，便于改变加料和卸料位置。缺点是输送过程中物料易过粉碎；输送机零部件磨损较重，动力消耗大；输送长度较小，输送能力较低。

螺旋运输机的工作原理是利用螺旋把物料在固定的机壳（料槽）内推移进行输送。主要由螺旋轴和料槽构成（见图 3-6）。

物料不随螺旋旋转，滑动形式移动。螺旋式运输机的主要性能有输送能力、螺旋轴的转速、螺旋轴的直径、功率等。

二、液体输送设备

输送液体的机械叫做泵，泵的作用是为液体提供外加能量，以便将液体由低处送往高处或送往远处。由于输送任务不同、液体性质不同、作用原理不同，泵的种类有很多。按照工

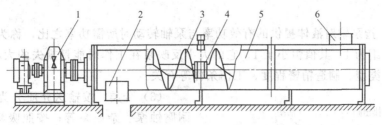

图 3-6 螺旋式运输机

1—驱动装置；2—出料口；3—螺旋轴；4—中间吊挂轴承；5—壳体；6—进料口

作原理的不同，分为离心泵、往复泵、漩涡泵、齿轮泵、喷射泵等。本节主要介绍离心泵和往复泵。

1. 离心泵

离心泵具有结构简单、操作方便、性能稳定、适应范围广、体积小、流量均匀、故障少、寿命长等优点，是化工厂中常用的液体输送机械。

（1）基本结构和工作原理 离心泵的构造如图 3-7 所示，主要由叶轮、泵壳、吸入管路、排出管路、泵轴和轴封装置等组成，并由若干弯曲叶片组成的叶轮紧固在泵轴上安装在蜗壳形的泵壳内。泵壳中央的吸入口与吸入管路相连，侧旁的排出口与排出管路连接。

离心泵启动前应在泵壳内灌满所输送的液体，当电机带动泵轴旋转时，叶轮亦随之高速旋转。叶轮的旋转一方面迫使叶片间的液体在随叶轮旋转的同时，另一方面，由于受离心力的作用使液体向叶轮外缘运动。在液体被甩出的过程中，流体通过叶轮获得了能量，以很高的速度进入泵壳。在蜗壳中由于流道的逐渐扩大，又将大部分动能转变为静压强，使压强进一步提高，最终以较高的压强沿切向进入排出管道，实现输送的目的，即为排液原理。当液体由叶轮中心流向外缘时，在叶轮中心处形成了低压。在液面压强与泵内压强差的作用下，液体经吸入管路进入泵的叶轮内，以填补被排除液体的位置，即为吸液原理。只要叶轮旋转不停，液体就被源源不断地吸入和排出，这就是离心泵的工作原理。

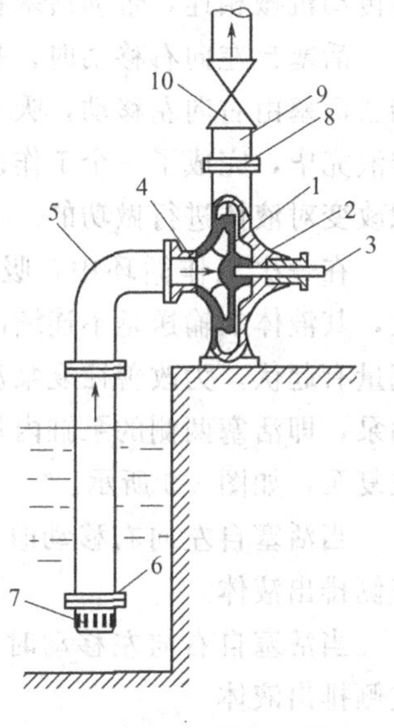

离心泵无自吸能力。因此在启动泵前一定要使泵壳内充满液体。通常若吸入口位于贮槽液面上方时，在吸入管路中安装一单向底阀和滤网，以防止停泵时液体从泵内流出和吸入杂物。

图 3-7 离心泵结构示意图

1—叶轮；2—泵壳；3—泵轴；4—吸入口；5—吸入管；6—单向底阀；7—滤网；8—排出口；9—排出管；10—调节阀

（2）主要性能 反映离心泵工作特性的参数称为性能参数，离心泵的性能参数主要有流量、扬程、功率、效率等，在离心泵的铭牌上标有泵在最高效率时的各种性能参数，以供选用时参考。

① 流量 离心泵在单位时间内排出的液体体积，亦称为送液能力，用 Q 表示，单位为 m^3/h 或 m^3/s

② 扬程 指离心泵对单位质量的液体所提供的有效能量，用 H 表示，单位为 m。

③ 轴功率 指泵轴转动时所需要的功率，亦即电机提供的功率，用 N 表示，单位

为 kW。

④ 效率　指泵轴对液体提供的有效功率与泵轴转动时所需功率之比，称为泵的总效率，用 η 表示，量纲为 1，其值恒小于 1。它的大小反映泵在工作时能量损失的大小，泵的效率与泵的大小、类型、制造精密程度、工作条件等有关。

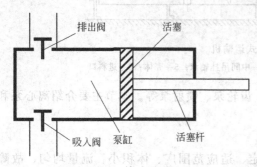

图 3-8　单动泵泵缸

（3）分类　按输送介质分为水泵、油泵、耐腐蚀泵、杂质泵等；按照吸液方式分为单吸泵和双吸泵；按照叶轮数目分为单级泵和多级泵。

2. 往复泵

往复泵是一种典型的容积式输送机械。

（1）主要部件和工作原理　往复泵的主要部件有泵缸、活塞、活塞杆、吸入阀和排出阀（均为单向阀），如图 3-8 所示。活塞杆与传动机械相连，带动活塞在泵缸内做往复运动。活塞与阀门间的空间称为工作室。

活塞自左向右移动时，排出阀关闭，吸入阀打开，液体进入泵缸，直至活塞移至最右端。活塞由右向左移动，吸入阀关闭而排出阀开启，将液体以高压排出。活塞移至左端，则排液完毕，完成了一个工作循环，周而复始地实现了送液目的。因此往复泵是依靠其工作容积改变对液体进行做功的。

在一次工作循环中，吸液和排液各交替进行一次，其液体的输送是不连续的。活塞往复非等速，故流量有起伏。为改善往复泵流量不均匀的特点，有双动泵，即活塞两侧的泵缸内均装有吸入阀和排出阀的往复泵，如图 3-9 所示。

当活塞自左向右移动时，工作室左侧吸入液体，右侧排出液体。

当活塞自右向左移动时，工作室右侧吸入液体，左侧排出液体。

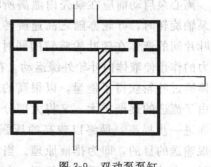

图 3-9　双动泵泵缸

即活塞无论向哪一个方向移动，都能同时进行吸液和排液，流量连续，但仍有起伏。

（2）适用范围　化工生产中往复泵主要用于输送黏度大、温度高的液体，特别适用于小流量、高扬程的场合，但不能输送腐蚀性液体和有固体粒子的悬浮液，以免损坏缸体。

三、气体输送机械

气体的输送和压缩是化工生产过程中比较常见的操作。输送和压缩气体的设备统称气体输送机械，用于气体输送、产生气体压缩，或产生真空。气体输送机械的分类比较多，按照作用原理可以分为离心式、往复式和流体作用式等；若按照压缩比（ε），即气体压缩后与压缩前的绝对压力之比可以分为以下四类。

① 压缩机　压缩比大于 4，终压在 300kPa（表压）以上。主要有往复式和离心式，用于产生高压气体。

② 鼓风机　压缩比小于 4，终压在 15～300kPa（表压）。主要有多级离心式和旋转式，用于输送气体。

③ 通风机　压缩比为 1～1.15，终压小于 15kPa（表压）。主要有离心式和轴流式，用

于通风换气和送气。

④ 真空泵 使设备造成真空，压缩比视真空度而定。

离心式压缩机在大型化工厂中应用较多。本节主要介绍往复式压缩机和离心式压缩机。

1. 往复式压缩机

（1）基本结构和工作原理 往复式压缩机的构造与往复泵相似，主要有汽缸、活塞、活门（入口单向阀和出口单向阀）和传动机构（曲柄、连杆等）组成，如图 3-10 所示。

往复式压缩机的一个工作循环包括四个阶段。

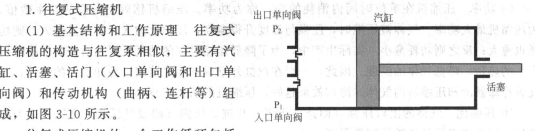

图 3-10 往复式压缩机结构简图

① 吸气阶段 当活塞从左向右移动时，活塞左侧的容积增大，使汽缸内的压力降低，当压力小于吸入管口的压力时，入口单向阀（进气阀）打开，气体进入汽缸，而此时由于排出口处有一定的压力，出口单向阀（排气阀）是关闭的。吸气过程持续到活塞运行到右端点。

② 压缩阶段 当活塞开始从右端点向左移动时，进气阀被关闭，而排气阀也是关闭的，所以汽缸内的气体量没有变化，而体积减小，被压缩，压力升高。在这个过程中进气阀和排气阀均处于关闭状态。

③ 排气阶段 当汽缸内的气体的压力大于排出管口处的压力时，排气阀打开，气体被排出，进气阀仍然处于关闭状态。

④ 膨胀阶段 当活塞运行到最左端时，活塞与汽缸之间还应该留一段间隙，这个间隙叫做余隙。由于余隙的存在，汽缸内还残留一部分高压气体，当活塞从左端点向右移动时，这部分气体会膨胀，直到压力等于排气压力为止，在这个过程里，排气阀关闭，进气阀也处于关闭状态。

活塞在汽缸中每往复运动一次，就要经过吸气、压缩、排气和膨胀四个阶段，也称为一个工作循环。在压缩机中，活塞与汽缸盖之间必须留有余隙。原因是：

① 可避免活塞与汽缸盖发生撞击损坏；

② 避免活塞与汽缸盖发生"水击"现象而损坏机器；

③ 残留在余隙内的气体能起缓冲作用，减轻了阀门和阀片的撞击作用。

汽缸中留有余隙容积，能给压缩机的装配、操作和安全使用带来很多好处，所以汽缸中要留有余隙；但余隙也不能留得过大，以免吸入气量减少，影响压缩机的生产能力。

（2）主要性能

① 排气量 压缩机在单位时间排出的气体量，称为压缩机的排气量，也称为生产能力或输气量。由于汽缸留有余隙，余隙内高压气体膨胀后占有汽缸部分容积，同时由于填料函、活塞、进气阀及排气阀等处密封不严，造成气体泄漏，以及阀门阻力等原因，使实际排气量小于理论排气量。往复式压缩机的排气量也是不均匀的，为了改善流量的不均匀性，压缩机出口均安装缓冲罐，既能起缓冲作用，又能去除油沫和水沫等，同时吸入口处需要安装过滤器，以免吸入杂质。

影响压缩机排气量的主要原因有：余隙容积、气体泄漏、进气阀阻力、吸气温度、吸气压强等。

② 排气温度　是指经过压缩后的气体温度。气体被压时，由于压缩机对气体做了功，会产生大量的热量，使气体的温度升高，所以排气温度总是高于吸气温度。压缩机的排气温度不能过高，否则会使润滑油分解以至炭化，并损坏压缩机部件。

③ 功率　压缩机在单位时间内消耗的功，称为功率。压缩机铭牌上标明的功率数值，为压缩机最大功率。气体被压缩时，压强与温度升得愈高，压缩比愈大，排气量愈大，则功耗也愈大；反之则功耗愈小。实际生产中，为了降低压缩过程的功耗，要及时移去压缩时所产生的热量，降低气体的温度。因此，一般在汽缸外壁设置水冷装置，冷却缸内的气体，并设置冷却器冷却压缩后的气体。冷却效果越好，压缩机的功耗就越小。

④ 压缩比　气体的出口压强（即排气压强）与进口压强（即吸气压强）之比，称为压缩比，压缩比表示气体被压缩的程度。

（3）多级压缩　由于往复式压缩机的汽缸中有余隙容积，每压缩一次所允许的压缩比不能太大，在压缩机中每压缩一次，其压缩比一般为5～7，而在生产中，会遇到将某些气体的压力从常压提高到几兆帕，甚至几十兆帕以上的情况。此时，如果采用单级压缩不仅不经济，有时甚至不能实现，因此需采用多级压缩。

多级压缩就是把两个或两个以上的汽缸串联起来，气体在一个汽缸被压缩后，又送入另一个汽缸再进行压缩，经过几次压缩才达到要求的最终压力。压缩一次称为一级，连续压缩的次数就是级数。

2. 离心式压缩机

离心式压缩机是透平式压缩机的一种。早期只用于压缩空气，并且只用于低、中压力及气量很大的场合。目前离心式压缩机可用来压缩和输送化工生产中的多种气体。它具有处理量大，体积小，结构简单，运转平稳，维修方便以及气体不受污染等特点。

（1）基本结构与工作原理　离心式压缩机（见图3-11）主要由两大部分组成，即转动部分和固定部分，其中转动部分包括转轴以及固定在轴上的叶轮、轴套、联轴节及平衡盘等，固定部分包括汽缸以及其上的各种隔板以及轴承等零部件，如扩压器、弯道、回流器、蜗壳、吸气室等。离心式压缩机的工作原理和多级离心泵相似，气体在叶轮带动下做旋转运动，由于离心力的作用使气体的压强升高，经过一级一级的增压作用，最后得到比较高的排气压强。

在讨论离心式压缩机时，常常会涉及下列几个术语。级：由一个叶轮与其相配合的固定元件所构成。段：从气体吸入机内到流出机外去冷却，其间气体所流经的级的组合。这样根据冷却次数的多少，压缩机又被分为若干个段，一段可以包括几个级，也可以只有一个级，以中间冷却器作为分段的标志。压缩机的缸，指机壳所包括的整体。

（2）喘振现象及流量的调节　离心式压缩机的实际操作流量要在其特性曲线的最小流量q_V和最大流量之间，在这个范围内运行，效率最高，运行最经济。当实际流量小于最小流量，压缩机出口压力升高，流量减少到一定程度时，机器出现不稳定状态，流量在较短时间内发生很大波动，而且压缩机压力突降，变动幅度很大，很不稳定，机器产生剧烈振动，同时发出异常的噪声，称为喘振现象。若实际流量大于最大流量，叶轮对气体所做的功几乎全部用来克服流动阻力，气体的压力无法再升高，因此最大流量又叫滞止流量。在实际操作中应注意流量的调节与控制。

离心式压缩机的流量调节主要有如下方法。

① 压缩机进口节流调节，即在进气管上安装节流阀，改变阀门的开度，改变压缩机的特性曲线，从而调节流量，这种方法应用比较广泛；

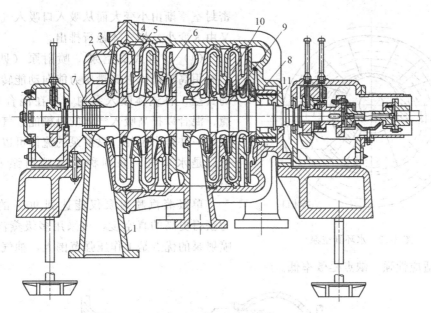

图 3-11　离心式压缩机的结构

1—吸气室；2—叶轮；3—扩压器；4—弯道；5—回流器；6—蜗壳；
7，8—轴端密封；9—隔板密封；10—轮盖密封；11—平衡盘

② 改变压缩机的转速调节流量；

③ 压缩机出口节流调节，在出口处安装节流阀，通过改变管路特性而调节流量，这种方法会降低压缩机的效率，因此一般不用。

3. 真空泵

在化工生产中，有些地方需要在一定的真空度下操作，例如：减压蒸发、减压蒸馏等。为了将设备内的压力降至大气压以下，需要特定的机械，即真空泵。能将空气由设备内抽至大气中，使设备内气体的绝对压强低于大气压的气体输送机械称为真空泵。

根据工作原理可以分为：往复式真空泵、水环式真空泵、液环式真空泵、喷射式真空泵等。

(1) 往复式真空泵　与往复式压缩机的工作原理相似，但也有其自身的特点：在低压下操作，汽缸内、外压差很小，所用的活门必须更加轻巧；当要求达到较好的真空度时，压缩比会很大，余隙容积必须很小，否则就不能保证较大的吸气量。为减少余隙的影响，设有连通活塞左右两侧的平衡气道。

干式往复真空泵可造成高达 96%～99.9% 的真空度；湿式则只能达到 80%～85% 的真空度。

(2) 水环式真空泵　水环真空泵的外壳呈圆形，其中的叶轮偏心安装。启动前，泵内注入一定量的水，当叶轮旋转时，由于离心力的作用，水被甩至壳壁形成水环。此水环具有密封作用，使叶片间的空隙形成许多大小不同的密封室。由于叶轮的旋转运动，密封室外由小变大形成真空，将气体从吸入口吸入；继而密封室由大变小，气体由压出口排出。

水环真空泵结构简单、紧凑，最高真空度可达 85%。其结构示意见图 3-12。

(3) 液环式真空泵　液环式真空泵外壳呈椭圆形。当叶轮旋转时液体被抛向四周形成一椭圆形液环，在其轴方向上形成两个月牙形的工作腔。由于叶轮的旋转运动，每个工作腔内

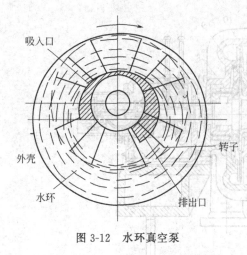

图 3-12 水环真空泵

密封室逐渐由小变大而从吸入口吸入气体；然后又由大变小，将气体强行排出。

（4）喷射式真空泵 喷射泵（见图 3-13）是利用高速流体射流量压力能向动能转换所造成的真空，将气体吸入泵内，并在混合室通过碰撞、混合以提高吸入气体的机械能，气体和工作流体一并排出泵外。喷射泵的流体可以是水，也可以是水蒸气，分别称为水喷射泵和蒸汽喷射泵。

单级蒸汽喷射泵仅能达到 90% 的真空度，为获得更高的真空度，可采用多级蒸汽喷射泵。喷射泵的优点是工作压强范围大，抽气量大，结构简单，适应性强。缺点是效率低。

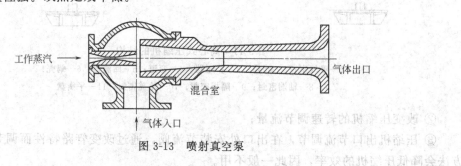

图 3-13 喷射真空泵

第五节 化学反应设备

任何化学品的生产，都离不开三个阶段：原料预处理、化学反应及后处理。化学反应过程是化工生产过程的核心。若要使化学反应在一定的工艺条件下正常进行，则需要用到化学反应设备。由于化学反应过程既受传热、传质过程的影响，又受温度、压力、浓度等的影响，因此，化学反应设备的结构、类型与化学反应过程有密切的联系，对生产的稳定和高效起着很重要的作用。

若按照物质的聚集状态，化学反应设备可分为，均相反应器和非均相反应器。均相反应器：气相（石油气裂解）、互溶液相（醋酸和乙醇的酯化反应）等；非均相反应器：气液相（乙烯和苯反应生成乙苯）、气固相、液固相、液液相、固固相、气液固三相等。

若按照操作方式，化学反应设备可分为：间歇式反应器和连续式反应器。

若按照反应器的结构，可以分为：釜式反应器、管式反应器、塔式反应器、固定床反应器、流化床反应器等。下面介绍几种常见的反应器。

一、釜式反应器

釜式反应器是一种低高径比的圆筒形反应器，用于实现液相单相反应过程和液液、气液、液固、气液固等多相反应过程。器内常设有搅拌（机械搅拌、气流搅拌等）装置。在高径比较大时，可用多层搅拌桨叶。在反应过程中物料需要加热或冷却时，可在反应器壁处设置夹套，或在器内设置换热面，也可通过外循环进行换热。

釜式反应器是化学工业中应用最广泛的一种反应设备，特别是在医药、农药、染料等行业中。优点是适用范围广泛，投资少，投产容易，可以方便地改变反应内容。缺点是换热面积小，反应温度不易控制，停留时间不一致。绝大多数用于有液相参与的反应，如液液、液固、气液、气液固反应等。

釜式反应器（见图3-14）的基本结构是釜体、换热装置和搅拌装置及传动装置。釜体由壳体和上、下封头组成，其高度与直径之比一般在1～3之间。在加压操作时，上、下封头多为半球形或椭圆形；而在常压操作时，上、下封头可做成平盖，为了放料方便，下底也可做成锥形。为了提高传热效果，因此设置换热装置。基本形式有夹套式、蛇管式、回流冷凝式等。为了使传质、传热更均匀，通常设有搅拌装置。

二、管式炉

管式炉是石油化工的一种设备，广泛应用于烯烃生产（乙烯和丙烯）中。是国内外烯烃工业生产装置中最成熟、最实用和操作较稳定的装置。用于进行裂解反应。

管式加热炉的分类有很多，结构也比较多样，但是基本都是由辐射室（炉膛）、对流室、烟囱和供给热源的喷嘴组成。燃料油或染料气从喷嘴喷到炉膛内燃烧，生成的烟气流经对流室后从烟囱排出。辐射室、对流室内均装有炉管，原料油在炉管内加热到所需温度进行裂解反应生成裂解气（烯烃），裂解气经急冷后进入分离装置。

由于裂解反应的温度一般较高，因此炉管多选用合金钢浇铸管。温度和流速对炉管内裂解反应产品有重大影响，因而要求严格控制炉管长度方向的温度分布及产品在炉管内的停留时间，对炉型选择、喷嘴及炉管的布置都有特别的要求。

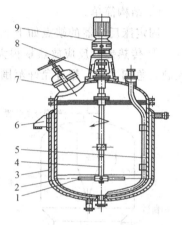

图3-14 搅拌釜式反应器
1—搅拌器；2—釜体；3—夹套；
4—搅拌轴；5—压料管；6—支座；
7—人孔；8—轴封；9—传动装置

三、固定床反应器

又称填充床反应器，装填有固体催化剂或固体反应物，用于实现多相反应过程的一种反应器。固体物通常呈颗粒状，粒径2～15mm，堆积成一定高度（或厚度）的床层。床层静止不动，流体通过床层进行反应。它与流化床反应器及移动床反应器的区别在于固体颗粒处于静止状态。固定床反应器主要用于实现气固相催化反应，如氨合成塔、二氧化硫接触氧化器、烃类蒸汽转化炉等。用于气固相或液固相非催化反应时，床层则填装固体反应物。涓流床反应器也可归属于固定床反应器，气、液相并流向下通过床层，呈气液固相接触。

固定床反应器有三种基本形式。

（1）轴向绝热式固定床反应器 流体沿轴向自上而下流经床层，床层同外界无热交换。

（2）径向绝热式固定床反应器 流体沿径向流过床层，可采用离心流动或向心流动，床层同外界无热交换。径向反应器与轴向反应器相比，流体流动的距离较短，流道截面积较大，流体的压力降较小。但径向反应器的结构较轴向反应器复杂。

以上两种形式都属绝热式反应器，适用于反应热效应不大，或反应系统能承受绝热条件下由反应热效应引起的温度变化的场合。

（3）列管式固定床反应器 由多根反应管并联构成。管内或管间置催化剂，载热体流经管间或管内进行加热或冷却,管径通常为 25~50mm,管数可多达上万根。列管式固定床反应器适用于反应热效应较大的反应。此外,尚有由上述基本形式串联组合而成的反应器,称为多级固定床反应器。例如:当反应热效应大或需分段控制温度时,可将多个绝热反应器串联成多级绝热式固定床反应器,反应器之间设换热器或补充物料以调节温度,以便在接近于最佳温度条件下操作。

固定床反应器的优点如下。

① 返混小,流体同催化剂可进行有效接触,当反应伴有串联副反应时,可得到较高选择性。

② 催化剂机械损耗小。

③ 结构简单。

固定床反应器的缺点如下。

① 传热差,反应放热量很大时,即使是列管式反应器也可能出现飞温(反应温度失去控制,急剧上升,超过允许范围)。

② 操作过程中催化剂不能更换,催化剂需要频繁再生的反应一般不宜使用,常代之以流化床反应器或移动床反应器。

四、流化床反应器

当流体(气体或液体)自下向上通过固体颗粒床层时,由于流体作用,使固体颗粒悬浮起来,在床层内做剧烈的运动,上下翻滚,具有流动性,这种现象称为流态化。流化床反应器就是利用这种流态化现象,通过颗粒状固体层使固体颗粒处于悬浮运动状态,并进行气固相反应过程或液固相反应过程的反应器。在用于气固系统时,又称沸腾床反应器,如图 3-15 所示。

流化床反应器在现代工业中的早期应用为20世纪20年代出现的粉煤气化的温克勒炉;但现代流化反应技术的开拓,是以 40 年代石油催化裂化为代表的。目前,流化床反应器已在化工、石油、冶金、核工业等部门得到广泛应用。

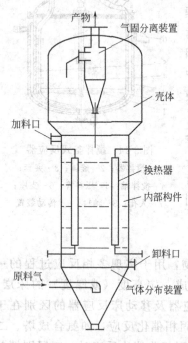

图 3-15 沸腾床反应器

流化床反应器的应用可分为两类:一类的加工对象主要是固体,如矿石的焙烧,称为固相加工过程;另一类的加工对象主要是流体,如石油催化裂化、酶反应过程等催化反应过程,称为流体相加工过程。

流化床反应器的结构有两种形式。

① 有固体物料连续进料和出料装置,用于固相加工过程或催化剂迅速失活的流体相加工过程。例如催化裂化过程,催化剂在几分钟内即显著失活,需用上述装置不断予以分离后进行再生。

② 无固体物料连续进料和出料装置,用于固体颗粒性状在相当长时间(如半年或一年)内,不发生明显变化的反应过程。

与固定床反应器相比,流化床反应器的优点如下。

① 可以实现固体物料的连续输入和输出；

② 流体和颗粒的运动使床层具有良好的传热性能，床层内部温度均匀，而且易于控制，特别适用于强放热反应；

③ 便于进行催化剂的连续再生和循环操作，适于催化剂失活速率高的过程。

石油馏分催化流化床裂化的迅速发展就是这一方面的典型例子。然而，由于流态化技术的固有特性以及流化过程影响因素的多样性，对于反应器来说，流化床又存在很明显的局限性。

① 由于固体颗粒和气泡在连续流动过程中的剧烈循环和搅动，无论气相或固相都存在着相当广的停留时间分布，导致不适当的产品分布，降低了目的产物的收率。

② 反应物以气泡形式通过床层，减少了气-固相之间的接触机会，降低了反应转化率。

③ 由于固体催化剂在流动过程中的剧烈撞击和摩擦，使催化剂加速粉化，加上床层顶部气泡的爆裂和高速运动、大量细粒催化剂的带出，造成明显的催化剂流失。

④ 床层内的复杂流体力学、传递现象，使过程处于非定常条件下，难以揭示其统一的规律，也难以脱离经验放大、经验操作。

近年来，细颗粒和高气速的湍流流化床及高速流化床均已有工业应用。在气速高于颗粒夹带速度的条件下，通过固体的循环以维持床层，由于强化了气固两相间的接触，特别有利于相际传质阻力居重要地位的情况。但另一方面由于大量的固体颗粒被气体夹带而出，需要进行分离并再循环返回床层，因此，对气固分离的要求也就很高了。

第六节　分离设备

在化工生产中，分离设备是重要设备之一，主要用于分离混合物。自然界中的大部分物质都是混合物，按照相态的不同，一般分为均相混合物和非均相混合物。由相同相态组成的混合物系，称为均相物系，如洁净的空气、烧碱溶液、乙醇和水混合溶液等。由不同相态组成的混合物系，称为非均相物系，如含灰尘的空气、含有泥沙的河水等。化工生产中常见的均相物系有液-液混合物、气-气混合物等。化工生产中常见的非均相物系有气-固混合物系（含尘气体）、液-固混合物系（悬浮液）、液-液混合物系（由不互溶的液体组成的乳浊液）、气-液混合物（雾）以及固体混合物等。

待分离的物态不同，分离方法也不尽相同。对于均相物系，固-固分离可用振动筛分离块状物料或颗粒状物料。液-液分离通常选用萃取分离或蒸馏分离等。气-气分离可采用洗涤、吸收或减压蒸馏等方法。

对于非均相物系，气-液分离与气-固分离通常选用旋风分离法、重力沉降法、机械洗涤法、文丘里洗涤法或袋式过滤及电除尘、电除雾等方法。液-固分离通常选用过滤法。常用的设备有板框过滤机、压滤机、转鼓真空过滤机和离心机等。其中离心机在化工生产中运用较多。下面做简要介绍。

一、离心机

离心机是借助惯性离心力的作用，分离非均相液态混合物的机械设备。它的主要部件是一个由电机带动的高速旋转的转鼓。悬浮液加到转鼓内，并随转鼓做高速旋转。由于颗粒和流体介质的密度不同，所受离心力也不同。离心机能产生很大的离心力，因此可以分离出一般过滤方法不能除去的小颗粒，也可以分离包含两种密度不同的液体混合物。下面介绍三足式离心机。

图 3-16 为一台上部人工卸料间歇式离心机。机器由转鼓、支架和制动器等部件组成，转鼓由传动装置驱动旋转。转鼓壁上钻有许多小孔，转鼓内侧装滤布或滤网。整个机座和外罩借 3 根拉杆弹簧悬挂于三足支柱上，以减轻运转时的振动。操作时，先将料浆加入转鼓，悬浮液置于转鼓之内，然后启动电机，通过三角皮带带动转鼓转动，滤液穿过滤布和转鼓甩至外壳内，汇集后从机座底部经出液口排出，滤渣被截留在滤布上，沉积于转鼓内壁。待一批料液过滤完毕，或转鼓内滤渣量达到设备允许的最大值时，可不再加料，并继续运转一段时间以沥干滤液或减少滤饼中含液量。必要时也可进行洗涤，然后停车由人工从上部卸出，再清洗设备。

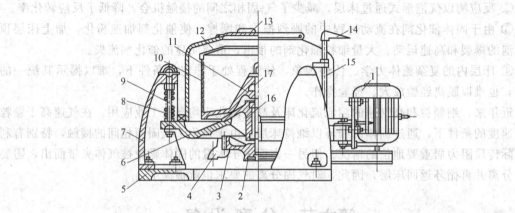

图 3-16 上部卸料三足式离心机

1—电机；2—三角皮带轮；3—制动轮；4—滤液出口；5—机座；
6—底盘；7—支柱；8—缓冲弹簧；9—摆杆；10—鼓壁；
11—转鼓底；12—拦液板；13—机盖；14—制动手柄；
15—外壳；16—轴承座；17—主轴

三足式离心机结构简单、紧凑，占空间不大，机器运转平稳，造价低，颗粒破损较轻。对物料的适应性强，过滤、洗涤时间可以随意控制，故可得到较干的滤渣和充分的洗涤。其缺点是间歇操作，生产中辅助时间长，生产能力低，劳动强度大，卸料不方便，转动部件位于机座下部，检修不方便。广泛应用于制药、化工、轻工、纺织、食品、机械制造等工业部门。适用于固体颗粒≥5μm，浓度为 5%~75% 的悬浮液的分离。

三足式离心机的规格是由符号和数字组成的。SS 型表示人工上部卸料离心机，SX 表示人工下部卸料离心机，SG 型表示刮刀下部卸料的离心机。数字则表示转鼓直径。

二、塔设备

塔类设备用途非常广，在均相分离设备中较为多见，例如精馏塔、吸收塔、萃取塔等。按照内部结构的不同，大体上分为板式塔和填料塔两大类，每一类都有不同结构的塔型。不论哪一种塔，都是由塔身、顶盖、塔裙、接管、人孔、平台和塔盘等构件组成。下面做简要介绍。

(一) 板式塔

板式塔为逐级接触式气液传质设备，它主要由圆柱形壳体、塔板、溢流堰、降液管及受液盘等部件构成。操作时，塔内液体依靠重力作用，由上层塔板的降液管流到下层塔板的受液盘，然后横向流过塔板，从另一侧的降液管流至下一层塔板。溢流堰的作用是使塔板上保持一定厚度的液层。气体则在压力差的推动下，自下而上穿过各层塔板的气体通道（泡罩、筛孔或浮阀等），分散成小股气流，鼓泡通过各层塔板的液层。在塔板上，气液两相密切接触，进行热量和质量的交换。在板式塔中，气液两相逐级接触，两相的组成沿塔高呈阶梯式变化，在正常操作下，液相为连续相，气相为分散相。如图 3-17 所示。

塔板可分为有降液管式塔板（也称溢流式塔板或错流式塔板）及无降液管式塔板（也称穿流式塔板或逆流式塔板）两类，在工业生产中，以有降液管式塔板应用最为广泛。有降液管的塔板类型主要有泡罩塔板、筛孔式塔板、浮阀式塔板、喷射型塔板等。

板式塔的空塔速度较高，因而生产能力较大，塔板效率稳定，操作弹性大，且造价低，检修、清洗方便，故工业上应用较为广泛。

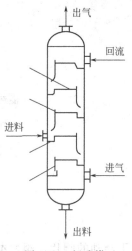

图 3-17　板式塔

1. 泡罩塔

泡罩塔板是工业上应用最早的塔板，其结构如图 3-18 所示，它主要由升气管及泡罩构成。泡罩安装在升气管的顶部，分圆形和条形两种，以前者使用较广。泡罩的下部周边开有很多齿缝，齿缝一般为三角形、矩形或梯形。泡罩在塔板上为正三角形排列。操作时，液体横向流过塔板，靠溢流堰保持板上有一定厚度的液层，齿缝浸没于液层之中而形成液封。升气管的顶部应高于泡罩齿缝的上沿，以防止液体从中漏下。上升气体通过齿缝进入液层时，被分散成许多细小的气泡或流股，在板上形成鼓泡层，为气液两相的传热和传质提供大量的界面。

泡罩塔板的优点是操作弹性较大，塔板不易堵塞；缺点是结构复杂、造价高，板上液层厚，塔板压降大，生产能力及板效率较低。泡罩塔板已逐渐被筛板、浮阀塔板所取代，在新建塔设备中已很少采用。

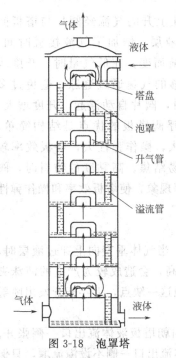

图 3-18　泡罩塔

2. 筛板塔

筛孔塔板简称筛板。塔板上开有许多均匀的小孔，孔径一般为 3～8mm。筛孔在塔板上为正三角形排列。塔板上设置溢流堰，使板上能保持一定厚度的液层。

操作时，气体经筛孔分散成小股气流，鼓泡通过液层，气液间密切接触而进行传热和传质。在正常的操作条件下，通过筛孔上升的气流，应能阻止液体经筛孔向下泄漏。

筛板的优点是结构简单、造价低，板上液面落差小，气体压降低，生产能力大，传质效率高。其缺点是筛孔易堵塞，不宜处理易结焦、黏度大的物料。筛板塔结构如图 3-19 所示。

3. 浮阀塔

浮阀塔板具有泡罩塔板和筛孔塔板的优点，应用广泛。浮阀的类型很多，常用的浮阀塔板如图 3-20 所示，浮阀塔板的结构特点是在塔板上开有若干个阀孔，每个阀孔装有一个可

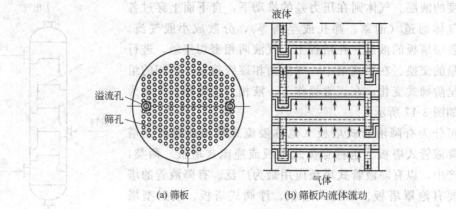

(a) 筛板　　　　　(b) 筛板内流体流动

图 3-19　筛板塔

上下浮动的阀片,阀片本身连有几个阀腿,插入阀孔后将阀腿底脚拨转 90°,以限制阀片升起的最大高度,并防止阀片被气体吹走。阀片周边冲出几个略向下弯的定距片,当气速很低时,由于定距片的作用,阀片与塔板呈点接触而坐落在阀孔上,在一定程度上可防止阀片与板面的黏结。

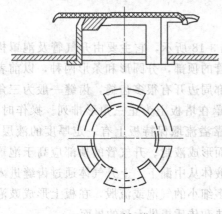

图 3-20　浮阀塔板

操作时,由阀孔上升的气流经阀片与塔板间隙沿水平方向进入液层,增加了气液接触时间,浮阀开度随气体负荷而变,在低气量时,开度较小,气体仍能以足够的气速通过缝隙,避免过多的漏液;在高气量时,阀片自动浮起,开度增大,使气速不致过大。浮阀塔板的优点是结构简单、造价低,生产能力大,操作弹性大,塔板效率较高。其缺点是处理易结焦、高黏度的物料时,阀片易与塔板黏结;在操作过程中有时会发生阀片脱落或卡死等现象,使塔板效率和操作弹性下降。

4. 喷射塔

前面所述三种塔板气体是以鼓泡或泡沫状态和液体接触,当气体垂直向上穿过液层时,使分散形成的液滴或泡沫具有一定向上的初速度。若气速过高,会造成较为严重的液沫夹带,使塔板效率下降,因而生产能力受到一定的限制。为克服这一缺点,近年来开发出喷射型塔板,大致有以下几种类型。

(1) 舌型塔板　舌型塔板是在塔板上冲出许多舌孔,方向朝塔板液体流出口一侧张开。舌片与板面成一定的角度。舌孔按正三角形排列,塔板的液体流出口一侧不设溢流堰,只保留降液管,降液管截面积要比一般塔板设计得大些。操作时,上升的气流沿舌片喷出,其喷出速度可达 20~30m/s。当液体流过每排舌孔时,即被喷出的气流强烈扰动而形成液沫,被斜向喷射到液层上方,喷射的液流冲至降液管上方的塔壁后流入降液管中,流到下一层塔板。舌型塔板的优点是:生产能力大,塔板压降低,传质效率较高;缺点是:操作弹性较小,气体喷射作用易使降液管中的液体夹带气泡流到下层塔板,从而降低塔板效率。

(2) 浮舌塔板　与舌型塔板相比,浮舌塔板的结构特点是其舌片可上下浮动。因此,浮舌塔板兼有浮阀塔板和固定舌型塔板的特点,具有处理能力大、压降低、操作弹性大等优点，特别适宜于热敏性物系的减压分离过程。

（3）斜孔塔板 斜孔塔板在板上开有斜孔，孔口向上，与板面成一定角度。斜孔的开口方向与液流方向垂直，同一排孔的孔口方向一致，相邻两排开孔方向相反，使相邻两排孔的气体向相反的方向喷出。这样，气流不会对喷，既可得到水平方向较大的气速，又阻止了液沫夹带，使板面上液层低而均匀，气体和液体不断分散和聚集，其表面不断更新，气液接触良好，传质效率提高。斜孔塔板克服了筛孔塔板、浮阀塔板和舌型塔板的某些缺点。斜孔塔板的生产能力比浮阀塔板大 30％左右，效率与之相当，且结构简单，加工制造方便，是一种性能优良的塔板。

（二）填料塔

图 3-21 所示为填料塔的结构示意图，填料塔是以塔内的填料作为气液两相间接触构件的传质设备。填料塔的塔身是一直立式圆筒，底部装有填料支承板，填料以乱堆或整砌的方式放置在支承板上。填料的上方安装填料压板，以防被上升气流吹动。液体从塔顶经液体分布器喷淋到填料上，并沿填料表面流下。气体从塔底送入，经气体分布装置（小直径塔一般不设气体分布装置）分布后，与液体呈逆流，连续通过填料层的空隙，在填料表面上，气液两相密切接触进行传质。填料塔属于连续接触式气液传质设备，两相组成沿塔高连续变化，在正常操作状态下，气相为连续相，液相为分散相。

当液体沿填料层向下流动时，有逐渐向塔壁集中的趋势，使得塔壁附近的液流量逐渐增大，这种现象称为壁流。壁流效应造成气液两相在填料层中分布不均，从而使传质效率下降。因此，当填料层较高时，需要进行分段，中间设置再分布装置。液体再分布装置包括液体收集器和液体再分布器两部分，上层填料流下的液体经液体收集器收集后，送到液体再分布器，经重新分布后喷淋到下层填料上。

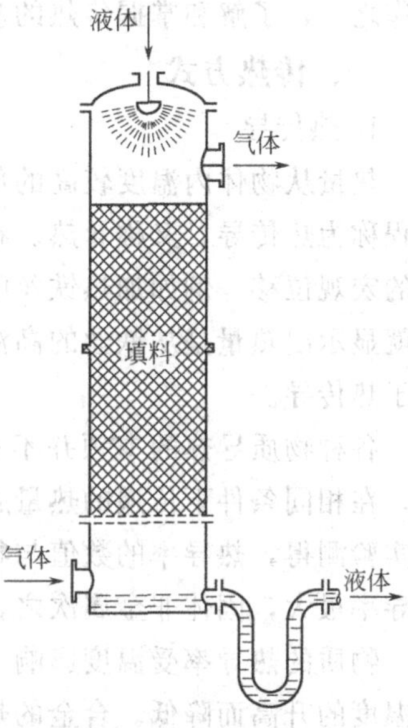

图 3-21 填料塔

填料塔具有生产能力大，分离效率高，压降小，持液量小，操作弹性大等优点。填料塔也有一些不足之处，如填料造价高；当液体负荷较小时不能有效地润湿填料表面，使传质效率降低；不能直接用于有悬浮物或容易聚合的物料；对侧线进料和出料等复杂精馏不太适合等。

填料的种类很多，根据装填方式的不同，可分为散装填料和规整填料。散装填料是一个个具有一定几何形状和尺寸的颗粒体，一般以随机的方式堆积在塔内，又称为乱堆填料或颗粒填料。散装填料根据结构特点不同，又可分为环形填料、鞍形填料、环鞍形填料及球形填料等。规整填料是按一定的几何构形排列、整齐堆砌的填料。规整填料种类很多，根据其几何结构可分为格栅填料、波纹填料、脉冲填料等。

第七节　传热设备

化工生产中的化学反应通常是在一定温度下进行的，为此需向反应物加热到适当的温度；而反应后的产物常需冷却以移去热量。在其他单元操作中，如蒸馏、吸收、干燥等，物料都有一定的温度要求，需要加入或输出热量。此外，高温或低温下操作的设备和管道都要求保温，以便减少它们和外界的传热。近年来，随能源价格的不断上升和对环保要求的增加，热量的合理利用和废热的回收越来越得到人们的重视。例如在合成氨工业中，利用换热器使煤气发生炉中生成温度较高的半水煤气与原料气换热，既达到初步冷却半水煤气的目的，又达到了预热原料气的目的，将热量综合利用，就是通过换热设备来完成的。

化工对传热过程有两方面的要求。

(1) 强化传热过程　在传热设备中加热或冷却物料，希望以高传热速率来进行热量传递，使物料达到指定温度或回收热量，同时使传热设备紧凑，节省设备费用。

(2) 削弱传热过程　如对高低温设备或管道进行保温，以减少热损失。

一般来说，传热设备在化工厂设备投资中可占到40%左右，传热是化工中重要的单元操作之一，了解和掌握传热的基本规律，在化学工程中具有很重要的意义。

一、传热方式

1. 热传导

热量从物体内温度较高的部分传递到温度较低的部分，或传递到与之接触的另一物体的过程称为热传导，又称导热。在热传导过程中，物体各部分之间不发生相对位移，即没有物质的宏观位移。例如加热铁丝的一端，而另一端也会热起来，直到整个铁丝温度相等为止，这就显示出热量是从铁丝的高温端传递到低温端的。固体、静止的流体、静止的气体的传热属于热传导。

各种物质导热的本领并不相同。物质导热能力的大小可以用热导率来衡量。热导率越大，在相同条件下传递的热量越多，导热能力也越强。热导率的单位为 W/（m·K），通常由实验测得，热导率的数值与物质的组成、结构、密度、温度及压强都有关系。一般金属的热导率最大，固体非金属次之，液体较小，气体的热导率最小。

物质的热导率受温度影响。在固体物质中，金属是良好的导热体，纯金属的热导率一般随温度的升高而降低。合金的热导率一般比纯金属的要低；液体可以分为金属液体和非金属液体，金属液体的热导率高，大多数液态金属的热导率随温度的升高而降低，在非金属液体中，水的热导率最高，除了水和甘油以外，常见液体的热导率随温度升高而略有减小。气体的热导率很小，约为液体的 1/10，对导热不利，但是有利于绝热和保温，气体的热导率随温度的升高而增大。

单层平壁导热进行研究发现，单位时间内通过固体壁面的传热量（传热速率）Q 与壁面的热导率 λ、壁面两侧的温度差 Δt、传热面积 A 成正比，而与壁面的厚度 δ 成反比，用公式表达为：

$$Q = \lambda \Delta t A / \delta \tag{3-1}$$

式中　Q——单位时间内通过固体壁面的传热量，W 或 J/s；

λ——壁面的热导率，W/（m·K）；

Δt——壁面两侧的温度差，K；

A——壁的面积，m^2

δ——壁面的厚度，m。

表 3-3 和表 3-4 为常见的固体和液体物质的热导率。

表3-3 某些固体在273～373K时的热导率

金属材料		建筑或绝热材料		金属材料		建筑或绝热材料	
物质种类	$\lambda/[W/(m \cdot K)]$	物质种类	$\lambda/[W/(m \cdot K)]$	物质种类	$\lambda/[W/(m \cdot K)]$	物质种类	$\lambda/[W/(m \cdot K)]$
铝	204	石棉	0.15	不锈钢	17.4	保温砖	0.12～0.21
青铜	64	混凝土	1.28	铸铁	46.5～93	锯木屑	0.07
黄铜	93	耐火砖	1.05	钢	46.5	建筑用砖	0.7～0.8
铜	384	松木	0.14～0.38	铅	35	玻璃	0.7～0.8

表3-4 某些液体在293K时的热导率

物质种类	$\lambda/[W/(m \cdot K)]$	物质种类	$\lambda/[W/(m \cdot K)]$	物质种类	$\lambda/[W/(m \cdot K)]$
水	0.6	苯胺	0.175	醋酸	0.175
30%氯化钙盐水	0.55	甲醇	0.212	煤油	0.151
水银	8.36	乙醇	0.172	汽油	0.18
90%硫酸	0.36	甘油	0.594	正庚烷	0.14
60%硫酸	0.43	丙酮	0.175		
苯	0.148	甲酸	0.256		

2. 对流传热

流体内部质点发生相对位移而引起的热量传递过程，叫对流传热。例如用炉子烧水，锅底部靠近炉子的部分先得到热量，温度升高，密度减小而上升，而上部冷的分子向下移动，由于这些分子的相对运动，最后使所有的水达到相同的温度。对流传热只能发生在流体中。

由于引起质点发生相对位移的原因不同，可分为自然对流和强制对流。自然对流：流体原来是静止的，但内部由于温度不同、密度不同，造成流体内部上升下降运动而发生对流。强制对流：流体在某种外力的强制作用下运动而发生的对流。化工生产中的对流，多是强制对流。

对流传热在生产中应用相当广泛，例如：气流干燥器、喷雾干燥器、厢式干燥器，都是以对流为主的干燥器，锅炉水暖系统主要利用对流原理将热量从锅炉传递到散热器，换热器则充分运用对流原理实现热交换。

对流传热过程的阻力主要在层流内层。如果要强化对流传热，就要设法降低阻力，加大湍流程度，减小层流内层的厚度。流体的对流传热速率可以用下式来计算：

$$Q = \alpha A(T_w - T) \tag{3-2}$$

式中　Q——对流传热速率，W；

　　　α——对流传热系数，W/$(m^2 \cdot K)$；

　　　T_w——壁温，℃；

　　　T——流体（平均）温度，K；

　　　A——对流传热面积，m^2。

3. 辐射传热

当人站在火炉旁打开炉门时，虽然没有和火焰直接接触，却感到有热气逼人，这就是热量以辐射方式射到人体的现象。实质是，高温物体将内能转化为辐射能，借助电磁波以射线的形式发射出去，低温物体吸收这种辐射能，并转化为内能，使其温度上升。这样热量就由高温物体传递到低温物体。这种借助电磁波以发射和吸收电磁波的形式进行的热量传递，称为辐射传热。

辐射传热具有以下三个特点：①辐射传热不需要任何介质作媒介；②辐射传热过程伴随着两次能量转化；③辐射传热是物体之间相互交换的结果。

物体表面越黑暗、粗糙，其吸收和辐射能力越强；反之，白色、光滑的物体表面，吸收和辐射的能力很弱。化工厂设备和管路的保温层常加一层银白色的有光泽的白色金属板，其作用不仅是加固、美观，更重要的是这层板吸收能力最小，反射能力最大，可以有效地减小设备内部与外界的辐射传热。物体的温度越高，吸收和辐射的能力越强。在常温和低温的场合，热辐射不是主要的传热方式，而在高温场合，热辐射是主要的传热方式。因此在高温场合，一定要注意辐射传热的规律。

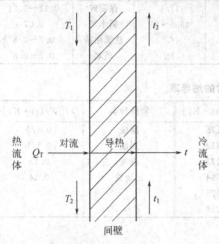

图 3-22 间壁式换热

工业上的换热方式主要有：直接混合式换热、间壁式换热和蓄热式换热。

二、间壁式换热

间壁式换热是化工厂中常用的换热方式，是依据对流传热和热传导传热的原理实现热交换的。

热量自热流体传给冷流体，热流体的温度从 T_1 降至 T_2，冷流体的温度从 t_1 上升至 t_2。这种热量传递过程包括三个步骤：热流体以对流传热方式把热量 Q_1 传递给管壁内侧，热量 Q_2 从管壁内侧传导，以热传导方式传递给管壁的外侧，管壁外侧以对流传热方式把热量 Q_3 传递给冷流体 $Q=Q_1=Q_2=Q_3$（见图 3-22）。

总传热速率方程为：

$$Q=KA\Delta t_m \tag{3-3}$$

式中　K——总传热系数或比例系数，$W/(m^2 \cdot K)$；

　　　Q——传热速率，W 或 J/s；

　　　A——总传热面积，m^2；

　　　Δt_m——两流体的平均温差，K。

强化传热，就是尽可能地增大传热速率，提高换热器的生产能力。从传热速率方程可以看出，提高等式右边 A、Δt_m、K 三项中的任何一项，都可以增大传热速率 Q。

① 增大传热面积 A，可以提高传热速率，从实际情况看，单纯地增大传热面积，会使设备加大，材料增加，开支加大，增加操作、管理的困难。因此，增大传热面积不应靠加大换热器的尺寸来实现，而应改进换热器的结构，增加单位体积内的传热面积。

② 增大传热平均温度差 Δt_m，由传热速率方程得知，当其他条件不变时，平均温度差越大，则传热速率越大。生产上常从以下两个方面来增大平均温度差。在条件允许的情况下，尽量提高热流体的温度，降低冷流体的温度。当冷、热流体进出温度一定时，逆流操作可以获得较大的平均温度差。

③ 增大传热系数 K，根据传热系数计算式：

$$K=\cfrac{1}{\cfrac{1}{\alpha_1}+\cfrac{1}{\alpha_2}+\cfrac{\lambda}{\delta}+R_1+R_2} \tag{3-4}$$

式中　K——传热系数，$W/(m^2 \cdot ℃)$ 或 $W/(m^2 \cdot K)$；

α_1、α_2——管内外的对流传热系数，W/(m²·K)；

δ——传热壁的厚度，m；

λ——传热壁的热导率，W/(m·K)；

R_1、R_2——管内外的污垢热阻，(m²·K)/W。

其中，要提高传热系数 K，主要从提高给热系数 α 值和减小垢层热阻两个因素来考虑。①提高两股流体的给热系数 α 值的方法有：加大湍流程度，增加管程或壳程数，加装折流挡板，增加搅拌，改变流动方向；②防止结垢和清除垢层。污垢的存在会大大降低传热系数 K。在生产中，要千方百计地防止结垢，及时清垢。

三、换热设备

按换热器传热面形状和结构分，可分为管式换热器、板式换热器、特殊形式换热器。

（一）管式换热器

1. 列管式换热器

列管式换热器又称管壳式换热器，是一种通用的标准换热设备。它具有结构简单、坚固耐用、造价低廉、用材广泛、清洗方便、适应性强等优点，应用最为广泛，在换热设备中占据主导地位。管壳式换热器根据结构特点分为以下几种。

（1）固定管板式换热器 固定管板式换热器的结构如图 3-23 所示。它由壳体、管束、封头、管板、折流挡板、接管等部件组成。其结构特点是，两块管板分别焊于壳体的两端，管束两端固定在管板上。整个换热器分为两部分：换热管内的通道及与其两端相贯通处，称为管程；换热管外的通道及与其相贯通处，称为壳程。冷、热流体分别在管程和壳程中连续流动，流经管程的流体称为管（管程）流体，流经壳程的流体称为壳（壳程）流体。

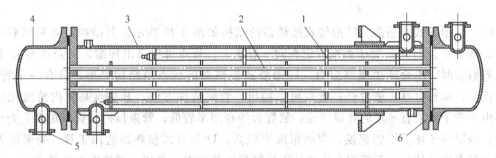

图 3-23 固定管板式换热器
1—折流挡板；2—管束；3—壳体；4—封头；5—接管；6—管板

若管流体一次通过管程，称为单管程。当换热器传热面积较大、所需管子数目较多时，为提高管流体的流速，常将换热管平均分为若干组，使流体在管内依次往返多次，则称为多管程。管程数可为 2、4、6、8，管程太大，虽提高了管流体的流速，增大了管内对流传热系数，但同时会导致流动阻力增大。因此，管程数不宜过多，通常以 2、4 管程最为常见。壳流体一次通过壳程，称为单壳程。为提高壳流体的流速，也可在与管束轴线平行方向放置纵向隔板，使壳程分为多程。壳程数即为壳流体在壳程内沿壳体轴向往、返的次数。分程可使壳流体流速增大，流程增长，扰动加剧，有助于强化传热。但是，壳程分程不仅使流动阻力增大，且制造安装较为困难，故工程上应用较少。为改善壳程换热，通常采用折流挡板，通过设置折流挡板，以达到实现强化传热的目的。

固定管板式换热器的优点是结构简单、紧凑。在相同的壳体直径内，排管数最多，旁路最少；每根换热管都可以进行更换，且管内清洗方便。其缺点是壳程不能进行机械清洗；当换热管与壳体的温差较大（大于 50℃）时产生温差应力，需在壳体上设置膨胀节，因而壳程压力受膨胀节强度的限制不能太高。固定管板式换热器适用于壳内流体清洁且不易结垢，两流体温差不大或温差较大但壳程压力不高的场合。

（2）浮头式换热器　浮头式换热器的结构如图 3-24 所示。其结构特点是两端管板之一不与壳体固定连接，可在壳体内沿轴向自由伸缩，该端称为浮头。浮头式换热器的优点是当换热管与壳体有温差存在，壳体或换热管膨胀时，互不约束，不会产生温差应力；管束可从壳体内抽出，便于管内和管间的清洗。其缺点是结构较复杂，用材量大，造价高；浮头盖与浮动管板之间若密封不严，发生内漏，造成两种介质的混合。浮头式换热器适用于壳体和管束壁温差较大或壳程介质易结垢的场合。

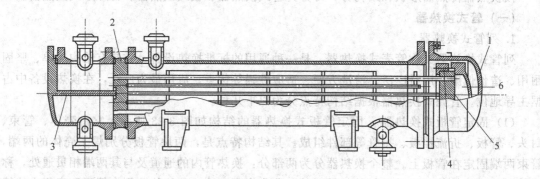

图 3-24　浮头式换热器

1—壳盖；2—固定管板；3—隔板；4—浮头钩圈法兰；5—浮动管板；6—浮头盖

（3）U 形管式换热器　U 形管式换热器的结构如图 3-25 所示。其结构特点是只有一个管板，换热管为 U 形，管子两端固定在同一管板上。管束可以自由伸缩，当壳体与 U 形换热管有温差时，不会产生温差应力。U 形管式换热器的优点是结构简单，只有一个管板，密封面少，运行可靠，造价低；管束可以抽出，管间清洗方便。其缺点是管内清洗比较困难；由于管子需要有一定的弯曲半径，故管板的利用率较低；管束最内层管间距大，壳程易短路；内层管子坏了不能更换，因而报废率较高。U 形管式换热器适用于管、壳壁温差较大或壳程介质易结垢，而管程介质清洁不易结垢以及高温、高压、腐蚀性强的场合。一般高温、高压、腐蚀性强的介质走管内，可使高压空间减小，密封易解决，并可节约材料和减少热损失。

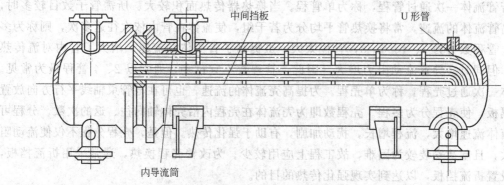

图 3-25　U 形管式换热器

（4）填料函式换热器 填料函式换热器的结构如图 3-26 所示。其结构特点是管板只有一端与壳体固定连接，另一端采用填料函密封。管束可以自由伸缩，不会产生因壳壁与管壁温差而引起的温差应力。填料函式换热器的优点是结构较浮头式换热器简单，制造方便，耗材少，造价低；管束可从壳体内抽出，管内、管间均能进行清洗，维修方便。其缺点是填料函耐压不高，一般小于 4.0MPa；壳程介质可能通过填料函外漏，对易燃、易爆、有毒和贵重的介质不适用。填料函式换热器适用于管、壳壁温差较大或介质易结垢，需经常清理且压力不高的场合。

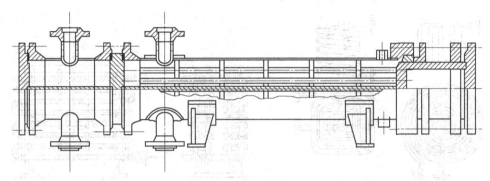

图 3-26 填料函式换热器

（5）釜式换热器 釜式换热器的结构如图 3-27 所示。其结构特点是在壳体上部设置适当的蒸发空间，同时兼有蒸汽室的作用。管束可以为固定管板式、浮头式或 U 形管式。釜式换热器清洗维修方便，可处理不清洁、易结垢的介质，并能承受高温、高压。它适用于液-汽式换热，可作为最简结构的废热锅炉。

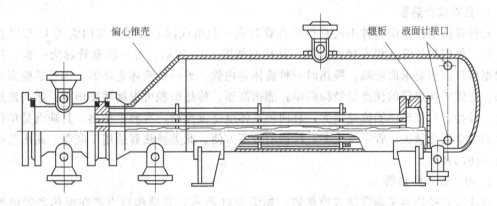

偏心锥壳　　　　　　　　　堰板　液面计接口

图 3-27 釜式换热器

管壳式换热器除上述五种外，还有插管式换热器、滑动管板式换热器等其他类型。

2. 蛇管式换热器

蛇管式换热器是管式换热器中结构最简单、操作最方便的一种换热设备。通常按照换热方式不同，将蛇管式换热器分为沉浸式和喷淋式两类。

（1）沉浸式蛇管换热器 此种换热器多以金属管弯绕而成，制成适应容器的形状，沉浸在容器内的液体中。两种流体分别在管内、管外进行换热。几种常用的蛇管形状如图 3-28所示。

沉浸式蛇管换热器的优点是结构简单、价格低廉、便于防腐蚀、能承受高压。其缺点是由于容器的体积较蛇管的体积大得多，管外流体的传热膜系数较小，故常需加搅拌装置，以提高其传热效率。

(2) 喷淋式蛇管换热器 喷淋式蛇管换热器如图 3-29 所示。此种换热器多用于冷却管内的热流体。固定在支架上的蛇管排列在同一垂直面上，热流体自下部的管进入，由上部的管流出。冷却水由管上方的喷淋装置中均匀地喷洒在上层蛇管上，并沿着管外表面淋沥而下，降至下层蛇管表面，最后收集在排管的底盘中。该装置通常放在室外空气流通处，冷却水在空气中汽化时，可带走部分热量，以提高冷却效果。

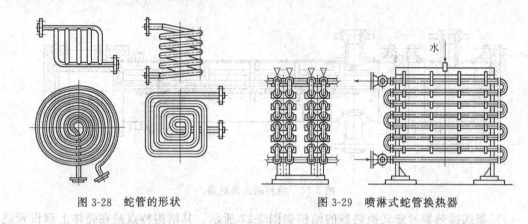

图 3-28　蛇管的形状　　　　　　　图 3-29　喷淋式蛇管换热器

与沉浸式蛇管换热器相比，喷淋式蛇管换热器具有检修清理方便，传热效果好等优点。其缺点是体积庞大，占地面积大；冷却水量较大，喷淋不易均匀。蛇管换热器因其结构简单、操作方便，常被用于制冷装置和小型制冷机组中。

3. 套管式换热器

套管式换热器是由两种不同直径的直管套在一起组成同心套管，其内管用 U 形肘管顺次连接，外管与外管互相连接而成的，其构造如图 3-30 所示。每一段套管称为一程，程数可根据传热面积要求而增减。换热时一种流体走内管，另一种流体走环隙，内管的壁面为传热面。套管式换热器的优点是结构简单；能耐高压；传热面积可根据需要增减；适当地选择管内、外径，可使流体的流速增大，且两种流体呈逆流流动，有利于传热。其缺点是单位传热面积的金属耗量大；管子接头多，检修清洗不方便。此类换热器适用于高温、高压及小流量流体间的换热。

4. 翅片管式换热器

翅片管式换热器又称管翅式换热器，如图 3-31 所示。其结构特点是在换热器管的外表面或内表面装有许多翅片，常用的翅片有纵向和横向两类。

翅片与管表面的连接应紧密无间，否则连接处的接触热阻很大，影响传热效果。常用的连接方法有热套、镶嵌、张力缠绕和焊接等。此外，翅片管也可采用整体轧制、整体铸造或机械加工等方法制造。

化工生产中常遇到气体的加热和冷却问题。因气体的对流传热系数很小，所以当与气体换热的另一流体是水蒸气冷凝或是冷却水时，则气体侧热阻成为传热控制因素。此时要强化传热，就必须增加气体侧的对流传热面积。在换热管的气体侧设置翅片，这样既增大了气体侧的传热面积，又增强了气体湍动程度，减少了气体侧的热阻，从而使气体传热系数提高。当然，加装翅片会使设备费提高，但一般当两种流体的对流传热系数之比超过 3∶1 时，采

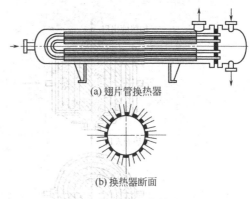

(a) 翅片管换热器

(b) 换热器断面

图 3-31　翅片管式换热器

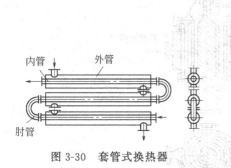

图 3-30　套管式换热器

用翅片管式换热器经济上是合理的。翅片管式换热器作为空气冷却器，在工业上应用很广。用空气代替水冷，不仅可在缺水地区使用，在水源充足的地方，采用空冷也取得了较好的经济效益。

（二）板式换热器

1. 平板式换热器

平板式换热器简称板式换热器，其结构如图 3-32 所示。它是由一组长方形的薄金属板平行排列，夹紧组装于支架上面而构成。两相邻板片的边缘衬有垫片，压紧后板间形成密封的流体通道，且可用垫片的厚度调节通道的大小。每块板的四个角上，各开一个圆孔，其中有两个圆孔和板面上的流道相通，另两个圆孔则不相通。它们的位置在相邻板上是错开的，以分别形成两流体的通道。冷、热流体交替地在板片两侧流动，通过金属板片进行换热。

板片是板式换热器的核心部件。为使流体均匀流过板面，增加传热面积，并促使流体的湍动，常将板面冲压成凹凸的波纹状，波纹形状有几十种，常用的波纹形状有水平波纹、人字形波纹和圆弧形波纹等。

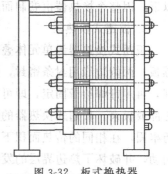

图 3-32　板式换热器

板式换热器的优点是结构紧凑，单位体积设备所提供的换热面积大；组装灵活，可根据需要增减板数，以调节传热面积；板面波纹使截面变化复杂，流体的扰动作用增强，具有较高的传热效率；拆装方便，有利于维修和清洗。其缺点是处理量小；操作压力和温度受密封垫片材料性能限制而不宜过高。板式换热器适用于经常需要清洗、工作环境要求十分紧凑，工作压力在 2.5MPa 以下，温度在 -35～200℃ 的场合。

2. 螺旋板式换热器

螺旋板式换热器（见图 3-33）由两张间隔的、平行的薄金属板卷制而成。两张薄金属板形成两个同心的螺旋形通道，两板之间焊有定距柱，以维持通道间距，在螺旋板两侧焊有盖板。冷、热流体分别通过两条通道，通过薄板进行换热。螺旋板式换热器的优点是螺旋通道中的流体由于惯性离心力的作用和定距柱的干扰，在较低雷诺数下即达到湍流，并且允许选用较高的流速，故传热系数大；由于流速较高，又有惯性离心力的作用，流体中悬浮物不易沉积下来，故螺旋板式换热器不易结垢和堵塞；由于流体的流程长和两流体可进行完全逆流，故可在较小的温差下操作，能充分利用低温热源；结构紧凑，单位体积的传热面积约为管壳式换热器

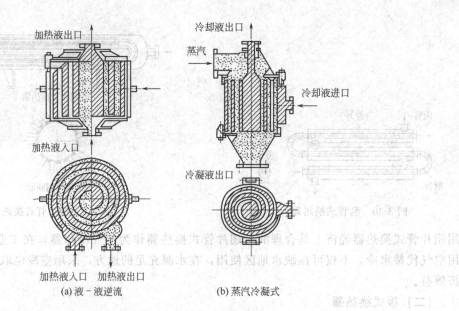

加热液出口

加热液入口

加热液入口　加热液出口

(a) 液－液逆流

冷却液出口

蒸汽

冷却液进口

冷凝液出口

(b) 蒸汽冷凝式

图 3-33　螺旋板式换热器

的 3 倍。其缺点是：操作温度和压力不宜太高，目前最高操作压力为 2MPa，温度在 400℃以下；因整个换热器由卷制而成，一旦发现泄漏，维修很困难。

3. **板翅式换热器**

板翅式换热器为单元体叠积结构，其结构单元由翅片、隔板、封条组成。翅片上下放置隔板，两侧边缘用封条密封，即构成翅片单元体。把多个单元体进行不同的叠积和适当地排列，再用钎焊给予固定，即可得到常用的逆流、错流、错逆流的板翅式换热器组装件，称为芯部或板束。板翅式换热器的优点是：结构紧凑，单位体积设备所提供的传热面积较大；轻巧牢固，在相同的传热面积下，其质量约为管壳式换热器的 1/10；由于翅片促进了流体的湍动，并破坏了热边界层的发展，故其传热系数很高；由于铝合金的热导率高，而且在 0℃以下操作时其延性和抗拉强度都较高，适用于低温和超低温的场合，可在－273～200℃范围内使用。同时因翅片对隔板有支撑作用，翅片式换热器允许操作压力也较高，可达 5MPa。板翅式换热器的缺点是：由于设备流道很小，易堵塞，而形成较大的压降；清洗和检修困难，故其处理的物料应洁净或预先净化；由于隔板和翅片均由薄铝板制成，故要求介质对铝不腐蚀。

4. **热板式换热器**

热板式换热器是一种新型高效板面式换热器，其传热基本单元为热板。其成型方法是按等阻力流动原理，将双层或多层金属平板点焊或滚焊成各种图形，并将边缘焊接密封组成一体。平板之间在高压下充气形成空间，实现最佳流动状态的流道结构形式。各层金属板的厚度可以相同，也可以不同，板数可以为双层或多层，这样就构成了多种热板传热表面形式，如不等厚双层热板、等厚双层热板、三层不等厚热板、四层等厚热板等，设计时，可根据需要选取。

热板式换热器具有最佳的流动状态，阻力小，传热效率高；根据工程需要可制造成各种形状，亦可根据介质的性能选用不同的板材。热板式换热器可用于加热、保温、干燥、冷凝等多种过程，作为一种新型的换热器，具有广阔的应用前景。

（三）热管式换热器

以热管为传热单元的热管式换热器是一种新型高效换热器，它是由壳体、热管和隔板组成的。热管作为主要的传热元件，是一种具有高热导性能的传热装置。它是一种真空容器，其基本组成部件为壳体、吸液芯和工作液。将壳体抽真空后充入适量的工作液，密闭壳体便

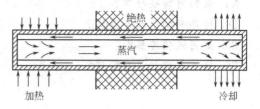

图 3-34　热管式换热器

构成一只热管。当热源对其一端供热时，工作液自热源吸收热量而蒸发汽化，携带潜热的蒸汽在压差作用下，高速传输至壳体的另一端，向冷源放出潜热而凝结，冷凝液回至热端，再次沸腾汽化。如此反复循环，热量乃不断从热端传至冷端。

热管的传热特点是热管中的热量传递通过沸腾汽化、蒸汽流动和蒸汽冷凝三步进行，如图 3-24 所示。由于沸腾和冷凝的对流传热强度很大，而蒸汽流动阻力损失又较小，因此热管两端温度差可以很小，即能在很小的温差下传递很大的热流量。因此，它特别适用于低温差传热及某些等温性要求较高的场合。热管式换热器具有结构简单、使用寿命长、工作可靠、应用范围广等优点，可用于气-气、气-液和液-液之间的换热过程。

习　题

1. 什么是化工机械？它有哪些特点？
2. 管道设备有哪些作用？
3. 常用的管子有哪些种类？
4. 常见的管件有哪些？
5. 常见的阀门有哪些？各自的特点及使用场合是什么？
6. 常见的连接方式有哪些？
7. 为什么化工管路要进行热补偿？
8. 常用的热补偿方式有哪些？
9. 为什么化工厂要防静电？
10. 常用的固体输送机械有哪些？
11. 离心泵的主要部件有哪些？
12. 离心泵有哪些主要的性能？
13. 往复泵的主要部件有哪些？
14. 往复泵有哪些主要性能？
15. 气体输送机械如何分类？
16. 往复式压缩机的一个工作循环包括哪些步骤？
17. 离心式压缩机有哪些特点？
18. 什么是离心式压缩机的喘振现象？
19. 喷射式真空泵的作用方式是什么？
20. 化学反应器有哪些种类？各自的特点是什么？
21. 塔设备有哪些种类？

22. 板式塔的基本结构是什么？
23. 填料有哪些种类？
24. 传热有哪些基本方式？
25. 如何强化传热？
26. 换热器的种类有哪些？

第四章 工 业 用 水

第一节 概　　述

一、水资源及循环

1. 水资源

水资源指现在或将来一切可用于生产或生活的地表水和地下水源。地球的 3/4 被水覆盖，水广泛分布于海洋、江、河、湖、地下水、大气水、冰川等。其中海水占 97.3%，淡水占 2.7%，而在人类可利用的 2.7% 淡水中，又约有 75% 以冰冠和冰川形式存在于地球两极，因此可被人类开发利用的淡水仅占总水量的 0.3%。人类对水的需求量很大，工农业生产对水的需求量更大。我国是一个水资源贫乏的国家，而且分布不均匀，节约用水及保护水资源是每个公民的责任和义务。

2. 水循环

水在自然界呈循环状态，水的循环分为自然循环和社会循环两种。

（1）水的自然循环　地球上的水，在太阳能和地球引力的作用下，不断地从海洋、陆地和植物表面蒸发，化为蒸汽升到高空，又被大气环流带到其他地区上空，遇冷凝结，在重力作用下降落到地面（雨或雪）。降落到陆地上的水又分为两路流动，一路在地面上汇集成江河湖泊；另一路渗入地下，形成地下水层或水流。最后这两路水流都流入海洋，水的这种在自然力作用下，不断蒸发、凝结、降落、径流和渗透的循环过程称为水的自然循环。

（2）水的社会循环　人类为满足生产和生活需要，从自然水体中取出大量的水，使用后丧失了实用价值又重新排放到自然水体中，这种由人为因素促成的水循环，称为水的社会循环。

水在自然循环和社会循环过程中总会混入各种各样的杂质，其中包括自然界各种地球化学和生物过程的产物，也包括人类生活和生产产生的各种废物。

二、工业用水的来源及天然水中的杂质

1. 工业用水的来源

工业用水的来源有两种：地上水和地下水。地上水有：江水、河水、湖水、海水、雨水等，这些水的水质相差较大，主要表现在所含无机盐数量不等，并且大都含有较多有机质和胶质物。地下水有：泉水、井水、地下河水和海水等，虽然外观清澈透明，但含矿物质较多。

2. 天然水中的杂质

天然水中的杂质种类很多，按其性质可分为有机物、无机物和微生物。按颗粒大小可分为悬浮物（100nm～1μm）、胶体颗粒（1.0～100nm）和溶解物（0.1～1.0nm）。

（1）悬浮物　水中的悬浮物主要由泥沙、垃圾、浮游生物、腐败的动植物等组成。悬浮

物颗粒较大且不稳定，可以用澄清、过滤等方法除去。否则在使用时会堵塞管道及其他设备。悬浮物是造成浑浊度、色度、气味的主要来源。

（2）胶体颗粒　天然水中的胶体是某些低分子和离子的集合体，它具有较小的颗粒直径和较大的比表面积，胶体颗粒的表面通常带有电荷，而且大多带负电荷，这样胶体颗粒之间相互排斥，因此胶体颗粒在水中能长期保持分散状态，长期静止也很难自然下沉。

天然水中的胶体杂质，成分比较复杂。其中主要是由铁铝和硅的化合物形成的无机矿物胶体，其次是水生植物体腐烂分解而形成的有机物胶体。它是使水体产生色、臭味的主要原因之一。

（3）溶解物　主要是溶解性的离子、气体。溶解离子有 Ca^{2+}、Mg^{2+}、Na^+ 等阳离子和 HCO_3^-、SO_4^{2-}、Cl^- 等阴离子。离子的存在使天然水表现出不同的含盐量、硬度、pH值和电导率特性，进而表现出不同的物理化学性质。天然水中溶解的气体主要有氧气、二氧化碳、硫化氢等，气体溶解在水中，对水生生物的生存非常重要。

三、水质标准

水质是指水和水中杂质共同表现出的综合特征。描述水质量的参数称为水质指标。

水质指标是衡量水质优劣的依据。水质指标一般分为物理指标（色度、浊度等）、化学指标（COD、BOD、有毒物质等）及生物指标（细菌总数、大肠菌群数等）。

依据水的不同用途以及水体保护的需要，原国家环保总局和国家质量技术监督局制定了相应的水质标准和污水排放标准。

水质标准有：地表水环境质量标准（GHZB 1—1999）；海水水质标准（GB 3097—1997）；农田灌溉水质标准（GB 5084—92）；渔业水质标准（GB 11607—89）；生活饮用水卫生标准（GB 5749—85）；生活饮用水水源水质标准（CJ 3020—93）等。

污水排放标准有：污水综合排放标准（GB 8978—1996）；造纸工业水污染排放标准（GB 3544—92）；钢铁工业水污染排放标准（GB 13456—92）等。

1. 地表水环境质量标准（GHZB—1999）

标准适用于我国领域内江河、湖泊、运河、水库等具有使用功能的地表水水域。

按地表水水域使用目的和环境保护目标，把水域功能分为如下五类。

Ⅰ类：主要适用于源头水、国家自然保护区。

Ⅱ类：主要适用于集中式生活饮用水水源地一级保护区、珍贵鱼类保护区、鱼虾产卵场等。

Ⅲ类：主要适用于生活饮用水水源地二级保护区、一般鱼类保护区及游泳区。

Ⅳ类：主要适用于一般工业用水区及人体非直接接触的娱乐用水区。

Ⅴ类：主要适用于农业用水区及一般景观要求水域。

同一水域兼有多种功能的，依最高功能划分类别。有季节功能的，可按季节划分类别。地表水环境质量标准见表 4-1，地表水监测项目见表 4-2。

2. 污水综合排放标准（GB 8978—1996）

标准适用于现有单位水污染物的排放管理，明确规定其与行业排放标准不交叉执行的原则。如造纸工业、合成氨工业、钢铁工业等行业执行污水排放国家行业标准。

该标准自 1998 年 1 月 1 日起生效，代替 GB 8978—88。以标准实施之日为界限，划分为两个时间段，1997 年 12 月 31 日前建设的单位执行第一时间段规定的标准值；1998 年 1 月 1 日起建设的单位，执行第二时间段规定的标准值。第一时间段增加控制项目 10 项，标

表 4-1　地表水环境质量标准

序号	参数		I 类	II 类	III 类	IV 类	V 类
	基本要求		所有水体不应有非自然原因所导致的下述物质： a. 凡能沉淀而形成令人厌恶的沉积物 b. 漂浮物，诸如碎片、浮渣、油类或其他一些引起感官不快的物质 c. 以产生令人厌恶的色、臭、味或浑浊度的 d. 对人类、动物或植物有损害、毒性或不良生理反应的 e. 易孳生令人厌恶的水生生物的				
1	水温/℃		人为造成的环境水温变化应限制在： 夏季周平均最大温升≤1 冬季周平均最大温降≤2				
2	pH 值		6.5～8.5				6～9
3	硫酸盐(以 SO_4^{2-} 计)	≤	250 以下	250	250	250	250
4	氯化物(以 Cl^- 计)	≤	250 以下	250	250	250	250
5	溶解性铁	≤	0.3 以下	0.3	0.5	0.5	1.0
6	总锰	≤	0.1 以下	0.1	0.1	0.5	1.0
7	总铜	≤	0.01 以下	1.0(渔 0.01)	1.0(渔 0.01)	1.0	1.0
8	总锌	≤	0.05	1.0(渔 0.1)	1.0(渔 0.1)	2.0	2.0
9	硝酸盐(以 N 计)	≤	10 以下	10	20	20	25
10	亚硝酸盐(以 N 计)	≤	0.06	0.1	0.15	1.0	1.0
11	非离子氨	≤	0.02	0.02	0.02	0.2	0.2
12	凯氏氮	≤	0.5	0.5	1	2	2
13	总磷(以 P 计)	≤	0.02	0.1 (湖库 0.025)	0.1 (湖库 0.025)	0.2	0.2
14	高锰酸盐指数	≤	2	4	6	8	10
15	溶解氧	≥	饱和率90%	6	5	3	2
16	化学需氧量(COD_{Cr})	≤	15 以下	15 以下	15	20	25
17	生化需氧量(BOD_5)	≤	3 以下	3	4	6	10
18	氟化物(以 F^- 计)	≤	1.0 以下	1.0	1.0	1.5	1.5
19	硒(四价)	≤	0.01 以下	0.01	0.01	0.02	0.02
20	总砷	≤	0.05	0.05	0.05	0.1	0.1
21	总汞	≤	0.00005	0.00005	0.0001	0.001	0.001
22	总镉	≤	0.001	0.005	0.005	0.005	0.01
23	铬(六价)	≤	0.01	0.05	0.05	0.05	0.1
24	总氰化物	≤	0.005	0.05(渔 0.05)	0.2(渔 0.05)	0.2	0.2
25	挥发酚	≤	0.002	0.002	0.005	0.01	0.1
26	石油类(石油醚萃取)	≤	0.05	0.05	0.05	0.5	1
27	阴离子表面活性剂	≤	0.2 以下	0.2	0.2	0.3	0.3
28	总大肠菌群/(个/L)	≤	10000				
29	苯并[a]芘/(μg/L)	≤	0.0025	0.0025	0.0025		

表 4-2 地表水监测项目

项目	必 测 项 目	选 测 项 目
河流	水温、pH 值、悬浮物、总硬度、电导率、溶解氧、化学需氧量、氨氮、亚硝酸盐氮、五日生化需氧量、硝酸盐氮、挥发酚、氰化物、砷、汞、六价铬、铅、镉、石油类等	硫化物、氟化物、氯化物、有机氯农药、有机磷农药、总铬、铜、锌、大肠杆菌、总 α、总 β、铀、镭、钍等
饮用水源地	水温、pH 值、浊度、总硬度、DO、COD、BOD、氨氮、亚硝酸盐氮、硝酸盐氮、挥发酚、氰化物、砷、汞、六价铬、铅、镉、氟化物、细菌总数、大肠菌群等	铜、锌、锰、阴离子洗涤剂、硒、石油类、有机氯农药、有机磷农药、硫酸盐、碳酸盐等
湖泊、水库	水温、pH 值、SS、DO、总硬度、透明度、总氮、总磷、COD、BOD、挥发酚、氰化物、砷、汞、六价铬、铅、镉等	钾、钠、藻类、悬浮藻、可溶性固体总量、大肠菌群等
底泥	砷、汞、铬、镉、铅、铜等	硫化物、有机氯农药、有机磷农药等

准值基本维持原标准水平；第二时间段增加控制项目 40 项，有些项目的最高允许排放浓度适当从严，如 COD、BOD_5 等项目。

该标准分为一级标准、二级标准和三级标准，排放的污染物按其性质分为第一类污染物和第二类污染物。

第二节 水的用途

一、水的用途

水的用途极广，不论对哪个工业部门都很重要，但对化工生产来讲，就更加重要了。因为①化工生产对水的需求量很大；②化工生产过程都有化学反应发生，而这些反应一般均在水溶液中进行。因此任何一个化工企业，在建厂前都要对水源进行严格勘测，只有在符合要求时，才能建厂投产，否则将会对生产造成严重的损失。水在工业上的应用主要是以下几个方面。

1. 锅炉给水

锅炉对任何化工企业都是必备的设备，锅炉的大小不同，用水量差别很大，但是对锅炉用水的质量要求则是一致的，除化工厂外，和化工生产相似的企业还有很多，他们也建有自己的供热供汽系统，所以锅炉给水的用水是相当可观的。

2. 原料用水

化工生产过程中，很多产品是直接用水作原料来生产的，所以用水量较大。如合成氨生产的造气、三酸和两碱的生产等。

3. 洗涤用水

不仅化工产品需要洗涤，很多非化工产品，为了保证产品质量，清除杂质，也需要洗涤，他们的洗涤用水量都很大。据统计，印染厂每生产 1km 面印染织物耗水量近 20t。洗涤的用水量比以上两项用水量的总和还要多。

4. 配制用水

化工生产过程中很多分离工序，需要配制溶液进行分离，如气-气分离、固-固分离中有不少分离都是靠溶液洗涤和溶解来完成的。

5. 冷却用水

水作为冷却剂是比较经济的，因为水来源广，使用方便，热容量大，所以各工业部门广泛用水作为冷却剂。

二、净化的目的及其重要性

水净化的目的在于除去杂质，减少各种杂质对工业生产的危害。

天然水在工业生产中的应用非常广泛，无论是做原料用水、洗涤用水，还是冷却用水和配制用水，水中存在的悬浮物、胶体、溶解性的离子和气体，都会对工业生产产生不利的影响。

如硬水（含有 Ca^{2+}、Mg^{2+} 较多的水）作为冷却水时，会使换热器结水垢，严重的会堵塞管道，使换热器传热效率大大降低，影响生产的顺利进行，甚至被迫停产。结垢还会产生垢下腐蚀，会使换热器穿孔而损坏，不仅物料漏损，而且还增加了设备的投资费用，浪费钢材。

用于锅炉给水，水垢会附着锅炉管内壁，降低传热效率，减少蒸汽发生量，当水垢过厚时，还会使锅炉管壁局部变形，严重的还会引起爆炸。

含铁、锰较多的水用于洗涤，往往会影响产品的质量，如在印染工业中，会在织物表面留下锈斑及催化氧化棉纤维，使棉纤维变脆。因此因根据水的不同用途，对水进行进一步的净化，以便满足生产上对水质的各项要求。

第三节　水的净化方法

天然水净化的方法分为物理法和化学法两种，其中物理法包括沉淀法、过滤法、加热法等；化学法包括试剂软化法、离子交换法、凝聚法等。

一、物理法

1. 沉淀法

水中的悬浮物，经相当长时间的静置，在重力作用下，则自然沉降聚集于底部，称为澄清。悬浮物沉淀与其密度及形状有关，泥沙与黏土的密度（约 $2g/cm^3$）大于水的密度，改变水的流速（静止或缓流）时，即可发生自然沉淀。水的温度和黏度等对沉淀也有重要影响。如温度较高，黏度较大的悬浮物就不易发生沉淀。密度小于水的固体颗粒都不能靠自然沉淀而除去。

进行沉淀时，常用的方法有连续式水流法和间断式水流法两种。连续式水流法是将水流速度降至极低，依次流过一个或几个水池，水中的悬浮物就逐级沉淀。为使水更澄清，可将通过最后一池的水注入蓄水池内，经过较长时间的静置，能使其悬浮物进一步沉淀。间断式水流法则是建若干个沉淀池，分别注入工业用水，静置沉淀数日，然后经化验，取其澄清合格的水使用。

对以江水、河水、湖水为水源的化工厂，因这类水水中的悬浮物数量较多，一般采用连续法。

2. 过滤法

过滤法是将水通过适当的多孔物质层，如焦炭、木炭、沙砾、碎石英、海绵等，将水中的悬浮物及胶体等杂质去除的方法。

过滤法分为重力式过滤法和压力式过滤法。压力式过滤法可在较短的时间内处理较多的水，称为快滤法。重力式过滤法需要时间长，效率低，称为缓滤法。

3. 加热法

水中溶解的氧、二氧化碳、氮、氨和硫化物等气体，会使水对金属设备具有腐蚀性。其中溶解氧及游离二氧化碳对金属设备的腐蚀性最强。因此在使用前都要设法除去。

除去水中氧、二氧化碳、氮、氨和硫化物等气体,多采用加热除气法(脱气)。将水加热,气体在水中的溶解度降低,溶解的气体扩散到空气中除去。

二、化学法

化学法亦称软化法,即通过化学反应来降低或去除水中硬度(主要指水中的钙、镁离子),使硬水变为软水的方法。硬水软化是工业用水在净化过程中使用最广的一种方法。软化处理的基本方法有化学软化法、离子交换软化法和热力软化法三种。

1. 化学软化法

化学软化法的工艺过程就是根据溶度积原理,按需要向水中加入一些药剂,使之与水中的钙、镁离子反应,生成难溶性沉淀物 $CaCO_3$ 和 $Mg(OH)_2$。通常用的药剂有石灰、纯碱、磷酸三钠等,其中以石灰软化法最常用。

(1) 石灰软化法　石灰软化法是将石灰乳 $Ca(OH)_2$ 加入水中,将水中的钙离子变为 $CaCO_3$ 沉淀,镁离子变成 $Mg(OH)_2$ 沉淀,以达到软化的目的。当有铁离子存在时,可使其变为 $Fe(OH)_3$ 沉淀。软化反应的过程如下:

$$CO_2 + Ca(OH)_2 \longrightarrow 2CaCO_3 \downarrow + H_2O$$
$$Ca(HCO_3)_2 + Ca(OH)_2 == 2CaCO_3 \downarrow + 2H_2O$$
$$Mg(HCO_3)_2 + 2Ca(OH)_2 == 2CaCO_3 \downarrow + Mg(OH)_2 \downarrow + 2H_2O$$
$$MgCl_2 + Ca(OH)_2 == CaCl_2 + Mg(OH)_2 \downarrow (将由镁离子引起的硬度转化为由钙离子形成的硬度)$$
$$MgCO_3 + Ca(OH)_2 == CaCO_3 \downarrow + Mg(OH)_2 \downarrow$$

(2) 石灰-纯碱软化法　石灰软化法只可除去由 $Ca(HCO_3)_2$、$Mg(HCO_3)_2$ 和 $MgCO_3$ 引起的硬度(碳酸盐硬度),而由 $CaCl_2$、$CaSO_4$、$MgCl_2$ 和 $MgSO_4$ 引起的硬度(非碳酸盐硬度)不能除去。对水软化程度要求较高时,石灰软化法就无法满足要求。常用石灰-纯碱软化法代替。

石灰-纯碱软化法是先将石灰乳 $Ca(OH)_2$ 加入水中,除去 $Ca(HCO_3)_2$、$Mg(HCO_3)_2$ 和 $MgCO_3$。再加入纯碱(Na_2CO_3)除去 $CaCl_2$、$CaSO_4$、$MgCl_2$ 和 $MgSO_4$。加入纯碱(Na_2CO_3)软化反应的过程如下:

$$Ca(OH)_2 + Na_2CO_3 == CaCO_3 \downarrow + 2NaOH$$
$$CaCl_2 + Na_2CO_3 == CaCO_3 \downarrow + 2NaCl$$
$$CaSO_4 + Na_2CO_3 == CaCO_3 \downarrow + Na_2SO_4$$
$$MgCl_2 + Na_2CO_3 == MgCO_3 + 2NaCl$$
$$MgSO_4 + Na_2CO_3 == MgCO_3 + Na_2SO_4$$
$$MgCO_3 + Ca(OH)_2 == CaCO_3 \downarrow + Mg(OH)_2 \downarrow$$

2. 离子交换软化法

离子交换软化法是一种借助离子交换剂上的离子和水中的离子进行交换反应,从而使水得到软化的方法。所获得的水称为去离子水、离子交换水或脱盐水。

离子交换树脂是由空间网状结构骨架(即母体)与附属在骨架上的许多活性基团所构成的不溶性高分子化合物。活性基团遇水电离,分成固定部分和活动部分。如 $R-SO_3H$,R 表示树脂母体即网状结构,$-SO_3$ 表示活性基团固定离子,H^+ 表示活性基团的活动离子。

水处理使用的离子交换树脂依其性质可以分类如下。

(1) 阳离子交换树脂(强酸性阳离子交换树脂、中酸性阳离子交换树脂、弱酸性阳离子交换树脂）　强酸性阳离子交换树脂（R—SO₃H）在水处理上应用广泛，主要用于脱去水中溶解的阳离子；弱酸性阳离子交换树脂（R—COOH）用于脱碱及脱盐，再生比较容易。

（2）阴离子交换树脂（强碱基性阴离子交换树脂、弱碱基性阴离子交换树脂）　强碱基性阴离子交换树脂 [—N(CH₃)₃OH] 在纯水的制造中大量使用。对硅酸、碳酸等弱酸的去除极为重要。弱碱基性阴离子交换树脂（R—NH₃OH、R₂＝NH₂OH、R₃≡NHOH）用于脱盐。再生比较容易。

离子交换树脂制备软化水的原理是软化水时一般选用强酸性阳离子交换树脂（R—SO₃H）和强碱基性阴离子交换树脂。当水流过装有离子交换树脂的交换柱时，水中的离子与树脂网状骨架上的活性基团发生交换作用。

强酸性阳离子交换树脂：

$$2R—SO_3H + Ca^{2+} \rightleftharpoons (R—SO_3)_2Ca + 2H^+$$

强碱基性阴离子交换树脂：

$$R—N(CH_3)_3OH + Cl^- \rightleftharpoons R—N(CH_3)_3Cl + OH^-$$

在水的软化和除盐中，需根据原水水质、出水要求、生产能力等来确定合适的离子交换工艺。

如果原水碱度不高，软化的目的只是为了降低钙、镁离子的含量，则可采用单级或二级钠离子交换系统。如果原水碱度比较高，必须在降低钙、镁离子的同时降低碱度，此时多采用 H-Na 离子器联合处理工艺。

当需要对原水进行除盐处理时，则流程中既要有阳离子交换器，又要有阴离子交换器。以除去所有的阳离子和阴离子。

离子交换树脂失效后（阳柱出水检验出阳离子，阴柱出水检验出阴离子，混合柱出水电导率不合格），可进行再生处理。再生的完全与否关系到出水的水质和水量。

采用含一定化学物质的水溶液，使树脂层内失效（失去交换能力）的树脂重新恢复交换能力，这种处理过程称为树脂的再生过程。软化水的树脂可采用酸碱再生。

3. 热力软化法

热力软化法就是将水加热到100℃或100℃以上，在煮沸的过程中，使水中钙、镁的酸式碳酸盐转变为 $CaCO_3$ 和 $Mg(OH)_2$ 沉淀除去。

第四节　污水处理

一、污水的来源与分类

1. 污水的来源

工业和生活中被污染的水，称为污水。污水一般来源于生活污水、工业废水、雨水和其他废水。

（1）生活污水　生活污水是人们在日常生活中使用后排出的水。来自机关、学校、部队、商店、医院、居民区及工矿企业的生活区等，生活污水中，有机物约占70%，无机物约占30%，同时含有大量的病菌和细菌，具有传播疾病的危害。

（2）工业废水　工业废水是指工业生产过程中排放的废水，其中含有工业生产用的原料、中间产品及生产过程中产生的污染物。工业废水成分复杂，性质各异。

（3）降水　天然降水包括雨水及融化的雪水、冰水。降水时，雨和雪大面积地冲刷地面，将地面上的各种污染物冲入水道或水体，造成河流、湖泊等水源污染。

（4）其他废水　其他废水包括冲洗街道废水、消防排水等。另外还有农业灌溉排水、畜牧业排水。

2. 工业污水的分类

工业废水分类通常有以下三种。

（1）按工业废水中所含主要污染物的化学性质分　可分为无机废水和有机废水。

① 无机废水是含无机污染物为主的废水，如冶金工业废水、建材工业废水等。

② 有机废水是含有机污染物为主的废水，如食品或石油加工过程的废水。

（2）按工业企业的产品与加工对象分类　有冶金废水、造纸废水、炼焦煤气废水、金属酸洗废水、化学肥料废水、纺织印染废水、染料废水、制革废水、农药废水、电站废水等。

（3）从废水处理的难易度和危害性出发，将废水中主要污染物归纳为三类：

第一类为废热，主要来自冷却水，冷却水可以回用；

第二类为常规污染物，既无明显毒性而又易于生物降解的物质，包括生物可降解的有机物、可作为生物营养素的化合物以及悬浮固体等；

第三类为有毒污染物，既含有毒性而又不易生物降解的物质，包括重金属、有毒化合物、不易被生物降解的有机化合物等。

二、污水的水质指标及工业废水的监测项目

1. 污水的水质指标

污水所含的污染物千差万别，衡量污水水质的主要指标有生化需氧量（BOD_5）、化学需氧量（COD）、总有机碳（TOC）、总需氧量（TOD）、溶解氧（DO）、悬浮物（SS）、pH值、有毒物质、细菌总数、大肠杆菌群等。

（1）生化需氧量（BOD_5）　生化需氧量（BOD_5）就是水中有机物在好氧微生物生化作用下所消耗的溶解氧的量，以氧的 mg/L 表示。水体发生生化过程必备的条件是好氧微生物、足够的溶解氧、能被微生物利用的营养物质。

有机物在微生物作用下好氧分解分为两个阶段，第一阶段称为含碳物质氧化阶段，主要是含碳有机物氧化为二氧化碳和水；第二阶段称为消化阶段，主要是含氮有机物在硝化菌的作用下分解为亚硝酸盐和硝酸盐。两个阶段分主次且同时进行，消化阶段大约在 5～7d，甚至 10d 以后才显著进行，故目前国内外广泛采用在 20℃ 五 d 培养法，其测定的耗氧量称为五日生化需氧量，即 BOD_5。

BOD_5 是反映水体被有机物污染程度的综合指标，也是研究污水的可生化降解性和生化处理效果，以及生化处理污水工艺设计和动力学研究中的重要参数。

（2）化学需氧量（COD）　化学需氧量（COD）是指在一定条件下，氧化 1L 水样中还原性物质所消耗的氧化剂的量，以氧的 mg/L 表示。化学需氧量反映了水体受还原性物质污染的程度。水中的还原性物质包括有机物、亚硝酸盐、亚铁盐、硫化物等。水被有机物污染是很普遍的，因此化学需氧量也可作为有机物相对含量的指标之一。

化学需氧量的测定，随测定水样中还原性物质以及测定方法的不同，其测定值也不同。目前应用最普遍的测定方法是重铬酸钾法（COD_{Cr}）和高锰酸盐指数法，其中重铬酸钾法（COD_{Cr}）氧化率高，重现性好，适用于测定水样中有机物的总量。

（3）总有机碳（TOC）　总有机碳（TOC）是以碳的含量表示水体中有机物质总量的综合指标。其测定结果以碳含量表示，单位为 mg/L。

TOC 的测定用氧化燃烧-非分散红外吸收法：将水样加酸，通过压缩空气吹脱水中的无机碳酸盐，以排除干扰，然后将水样定量地注入以铂钢为催化剂的燃烧管中，在氧的含量充分而且一定的气流中，以 900℃ 的高温加以燃烧，在燃烧过程中产生二氧化碳，以红外气体分析仪测定，以自动记录器加以记录，然后再折算其中的碳量。

（4）总需氧量（TOD）　总需氧量（TOD）是指水中能被氧化的物质，主要是有机质（其中的 C、H、N、S 等元素）在燃烧中变成稳定的氧化物（CO_2、H_2O、NO_2 和 SO_2 等）时所需要的氧量，结果以氧的 mg/L 表示。

TOD 常用 TOD 测定仪来测定，将一定量水样注入装有铂催化剂的石英燃烧管中，通入含已知氧浓度的载气（氮气）作为原料气，则水样中的还原性物质在 900℃ 下被瞬间燃烧氧化，测定燃烧前后原料气中氧浓度的减少量，即可求出水样的 TOD 值。适用于地表水和各种污水。

TOD 是衡量水体中有机物污染程度的一项指标。TOD 值能反映几乎全部有机物质经燃烧后变成 CO_2、H_2O、NO、SO_2 等所需要的氧量，它比 BOD_5、COD 和高锰酸盐指数更接近于理论需氧量值。

（5）溶解氧（DO）　溶解在水中的分子态氧称为溶解氧，用 DO 表示。溶解氧与大气中氧的平衡、温度、气压、盐分有关。清洁地表水中溶解氧一般接近饱和，有藻类生长的水体，溶解氧可能过饱和。水体受有机、无机还原性物质（如硫化物、亚硝酸根、亚铁离子等）污染后，溶解氧下降，可趋近于零。溶解氧是水体污染程度的综合指标。

（6）悬浮物（SS）　悬浮物（SS）即总不可滤残渣，指水样经过滤后留在过滤器上的固体物质，于 103～105℃ 烘干至恒重得到的物质的质量。

悬浮物使水体浑浊，透明度降低，影响水生生物的呼吸和代谢，甚至造成鱼类窒息死亡。悬浮物较多时，还可能造成河道堵塞。

（7）pH 值　pH 值可间接地表示水的酸碱程度，当水体受到酸碱污染后，pH 值就会发生变化。天然水的 pH 值多在 6～9 之间；饮用水 pH 值要求在 6.5～8.5 之间；某些工业用水的 pH 值必须保持在 7.0～8.5 之间。

（8）有毒物质　有毒物质包括重金属（砷、汞、镉、铬、铅等）、有毒化合物（氰化物、有机氯农药等）、不易被生物降解的有机化合物（酚、多氯联苯等）。这类物质在水中达到一定浓度后，就会危害到人体的健康和水生生物的生存，也会影响到污水的生化处理过程。

由于这类物质危害较大，因此其含量是污水排放、水体监测和污水处理中的重要水质指标。

（9）细菌总数　细菌总数是指 1mL 水样在营养琼脂培养基中，于 37℃ 培养 24h 后，所生长的各种细菌菌落的总数。是反映水体受细菌污染程度的指标。

（10）大肠菌群　总大肠菌群是指那些能在 35℃、48h 之内使乳糖发酵产酸、产气，需氧及兼性厌氧的革兰阴性的无芽孢杆菌，以每升水样中所含有的大肠菌群的数目表示。

水是传播肠道疾病的一种重要媒介，大肠菌群的值可表明水样被粪便污染的程度。大肠菌群细菌在水体中的存活时间和对氯的抵抗力等与肠道致病菌相似，间接表明有肠道病菌（伤寒、痢疾、霍乱等）存在的可能性。

2. 工业废水的监测项目

工业废水的监测项目见表 4-3。

表 4-3　工业废水的监测项目

类　别		监　测　项　目
黑色金属矿山(包磁铁矿、赤铁矿、锰矿等)		pH 值、悬浮物、硫化物、铜、铅、锌、镉、汞、六价铬等
黑色冶金(包括选矿、烧结、炼焦、炼铁、炼钢等)		pH 值、悬浮物、化学需氧量、硫化物、氟化物、挥发酚、氰化物、石油类、铜、铅、锌、砷、镉、汞等
选矿药剂		化学需氧量、生化需氧量、悬浮物、硫化物、挥发酚等
有色金属矿山及冶炼(包括选矿、烧结、冶炼、电解、精炼等)		pH 值、悬浮物、化学需氧量、硫化物、氟化物、挥发酚、铜、铅、锌、砷、镉、汞、六价铬等
火力发电、热电		pH 值、悬浮物、硫化物、砷、铅、镉、挥发酚、石油类、水温等
煤矿(包括洗煤)		pH 值、悬浮物、砷、硫化物等
焦化		化学需氧量、生化需氧量、悬浮物、硫化物、挥发酚、石油类、氰化物、氨氮、苯类、多环芳烃、水温等
石油开发		pH 值、化学需氧量、生化需氧量、悬浮物、硫化物、挥发酚、石油类等
石油炼制		pH 值、化学需氧量、生化需氧量、悬浮物、硫化物、挥发酚、氰化物、石油类、苯类、多环芳烃等
化学矿开采	硫铁矿	pH 值、悬浮物、硫化物、砷、铜、铅、锌、镉、汞、六价铬等
	雄黄矿	pH 值、悬浮物、硫化物、砷等
	磷矿	pH 值、悬浮物、氟化物、硫化物、砷、铅、磷等
	萤石矿	pH 值、悬浮物、氟化物等
	汞矿	pH 值、悬浮物、硫化物、砷、汞等
无机原料	硫酸	pH 值(或酸度)、悬浮物、硫化物、氟化物、铜、铅、锌、镉、砷等
	氯碱	pH 值(或酸、碱度)、化学需氧量、悬浮物、汞等
	铬盐	pH 值(或酸度)、总铬、六价铬等
有机原料		pH 值(或酸、碱度)、化学需氧量、生化需氧量、悬浮物、挥发酚、氰化物、苯类、硝基苯类、有机氯等
化肥	磷肥	pH 值(或酸度)、化学需氧量、悬浮物、氟化物、砷、磷等
	氮肥	化学需氧量、生化需氧量、挥发酚、氰化物、硫化物、砷等
橡胶	合成橡胶	pH 值(或酸、碱度)、化学需氧量、生化需氧量、石油类、铜、锌、六价铬、多环芳烃等
	橡胶加工	化学需氧量、生化需氧量、硫化物、六价铬、石油类、苯、多环芳烃等
塑料		化学需氧量、生化需氧量、硫化物、氰化物、铬、砷、汞、石油类、有机氯、苯类、多环芳烃等
化纤		pH 值、化学需氧量、生化需氧量、悬浮物、铜、锌、石油类等
农药		pH 值、化学需氧量、生化需氧量、悬浮物、硫化物、挥发酚、砷、有机氯、有机磷等
制药		pH 值(或酸、碱度)、化学需氧量、生化需氧量、石油类、硝基苯类、硝基酚类、苯胺类等
染料		pH 值(或酸、碱度)、化学需氧量、生化需氧量、悬浮物、挥发酚、硫化物、苯胺类、硝基苯类等
颜料		pH 值、化学需氧量、悬浮物、硫化物、汞、六价铬、铅、镉、砷、锌、石油类等
油漆		化学需氧量、生化需氧量、挥发酚、石油类、氰化物、镉、铅、六价铬、苯类、硝基苯类等
合成脂肪酸		pH 值、化学需氧量、生化需氧量、油、锰、悬浮物等
合成洗涤剂		化学需氧量、生化需氧量、油、苯类、表面活性剂等
机械制造		化学需氧量、悬浮物、挥发酚、石油类、铅、氰化物等
电镀		pH 值(或酸度)、氰化物、六价铬、铜、锌、镍、镉、锡等

续表

类　别	监 测 项 目
电子、仪器、仪表	pH 值(或酸度)、化学需氧量、苯类、氰化物、六价铬、汞、镉、铅等
水泥	pH 值、悬浮物等
玻璃、玻璃纤维	pH 值、悬浮物、化学需氧量、挥发酚、氰化物、砷、铅等
油毡	化学需氧量、石油类、挥发酚等
石棉制品	pH 值、悬浮物、石棉等
陶瓷制品	pH 值、化学需氧量、铅、镉等
人造板、木材加工	pH 值(或酸、碱度)、化学需氧量、生化需氧量、悬浮物、挥发酚等
食品	pH 值、化学需氧量、生化需氧量、悬浮物、挥发酚、氨氮等
纺织、印染	pH 值、化学需氧量、生化需氧量、悬浮物、挥发酚、硫化物、苯胺类、色度、六价铬等
造纸	pH 值(或碱度)、化学需氧量、生化需氧量、悬浮物、挥发酚、硫化物、铅、汞、木质素、色度等
皮革及皮革加工	pH 值、化学需氧量、生化需氧量、悬浮物、硫化物、氯化物、总铬、六价铬、色度等
电池	pH 值(或酸度)、铅、锌、汞、镉等
绝缘材料	化学需氧量、生化需氧量、挥发酚等

三、水体污染和自净

1. 水体污染

从自然地理的角度来解释，水体是指地表被水覆盖区域的自然综合体。因此，水体不仅包括水，而且也包括水中的悬浮物、溶解性物质、底泥和水生生物等，它是一个完整的自然生态系统。

水体污染是人类在日常生活和生产活动中，将大量的工业污水、生活污水、农业回流水及其他废物未经处理排入水体，使排入水体的污染物的含量超过了一定程度，使水体受到损害直至恶化，从而导致水体的物理特征和化学特征发生不良变化，破坏了水中固有的生态系统及水体功能，降低了水体的使用价值。

水体污染类型如下。

(1) 化学型污染　化学型污染指随污水及其他废物排入水体中的无机物如酸、碱、盐，和有机物如碳水化合物、蛋白质、油脂、纤维素、氨基酸等造成的水体污染。

(2) 物理型污染　物理型污染指色度和浊度物质污染、悬浮固体污染、热污染和放射性污染等物理因素造成的水体污染。

(3) 生物型污染　生物型污染指生活污水、医院污水以及屠宰、畜牧、制革业、餐饮业等排放的污水中常含有各种病原体如病毒、病菌、寄生虫等造成的水体污染。

2. 水体的自净

当污染物进入水体后，首先被大量水稀释，随后发生挥发、絮凝、水解、配合、氧化还原及微生物降解等一系列复杂的物理、化学变化和生物转化，其结果使污染物的浓度降低或至无害化程度的过程称为水体自净。水体的自净能力是有一定限度的，当污染物浓度超过水体的自净能力时，就会造成污染物积累，导致水体日趋恶化。

四、污水处理技术

1. 一般处理原则

污水中的污染物质是各种各样的，所以不可能用一种处理单元就把所有的污染物质去除干净。污水处理就是利用各种不同的方法，将污水中所含的污染物质分离或将其转化为无害物质，从而使污水得到净化的过程。

污水处理的方法很多，按净化程度分为一级处理、二级处理和三级处理三个阶段。

一级处理是采用物理方法，去除水中悬浮物、胶状物、浮油和重油等。一般悬浮物去除率为 70%～80%，BOD 去除率为 25%～40%，达不到排放标准。

二级处理是在一级处理的基础上，采用化学法、生物法或物化法去除污水中可生物降解的有机溶解物和部分胶状污染物。有机物去除率可达 80%～90%，水质大为改善，一般均可达到排放标准。

三级处理又称深度处理，在二级处理基础上，进一步采用活性炭吸附、离子交换、膜分离等技术，除去水中的难以生物降解的有机污染物和氮、磷，控制水体的富营养化。三级处理后的水，可以重新利用即中水回用。

2. 污水处理方法分类

污水处理方法按原理可分为四类，即物理处理法、化学处理法、生物处理法及物理化学处理法。

(1) 污水的物理处理法　污水的物理处理法是通过物理作用分离和去除废水中的悬浮物质。优点是设备简单，操作方便，分离效果良好，使用极为广泛。常用的物理分离法有均衡调节法、筛滤法、重力分离法和离心分离法。

① 均衡调节法　是污水处理中不可缺少的重要方法，无论何种废水在进入主体处理构筑物之前，通常需要先进行水质、水量的调节，为后续构筑物的运行创造必要的条件。

污水的水质和水量一般随时间的变化而变化。生活污水的水质和水量随生活作息规律而变化，工业废水的水质和水量随生产过程而变化。污水水质水量的变化对排水设施及污水处理设备，特别是生物处理设备正常发挥其净化功能是不利的，严重时甚至使设备无法工作。为此需要设置调节池，对污水的水质水量进行均衡调节。

水质调节的任务是对不同时间或不同来源的废水进行混合，使流出水质比较均匀。

② 筛滤法　是去除粗大的悬浮物和杂物，以保护后续处理设施能正常运行的一种预处理方法。筛滤法分为格栅法、筛网法和过滤法。

a. 格栅法　格栅是由一组平行的金属棒和金属条构成的框架，是一种最简单的过滤设备，用来拦截污水中粗大的悬浮物和漂浮物。格栅通常倾斜架设在其他处理构筑物之前或泵站集水池进口处的渠道中，以防漂浮物阻塞构筑物的孔道、闸门、管道或损坏水泵等机械设备。因此，格栅起着净化水质和保护设备的双重作用。所以在进入初沉池之前设置格栅间。

b. 筛网法　筛网通常用金属丝或化学纤维编织而成。当污水通过筛网时，污水中不能被格栅截留，也难以沉淀除去的细小悬浮物就会留在筛网上，从而得到去除。

c. 过滤法　过滤是利用过滤材料分离污水中杂质的一种技术，有时用于污水的预处理，有时用于最终处理，出水供循环使用。完成过滤工艺的处理构筑物称为滤池。

过滤法通常采用颗粒状滤料，如石英砂、无烟煤、矿砂等。由于滤料颗粒之间存在空隙，污水穿过一定深度的滤层，水中的悬浮物即被截留。

③ 重力分离法　是最常用、最基本的废水处理方法。废水中的悬浮物在重力作用下与水分离，当悬浮物的相对密度大于 1 时，悬浮物下沉形成沉淀物。当悬浮物的相对密度小于1 时，悬浮物将上浮到水面，形成浮渣（油）。通过收集沉淀物和浮渣（油），使水获得净

化。重力分离法分为沉砂法、沉淀法和隔油法三种。

a. 沉砂法 是控制沉砂池内水的流动速度，利用重力分离的原理，去除废水中所夹带的泥沙、矿渣的方法。

b. 隔油法 石油开采与冶炼、煤化工、石油化工等行业的生产过程排出大量的含油废水。油的密度一般小于 1，在水中呈悬浮状态，可利用重力进行分离，这种设备称为隔油池。

当废水从隔油池的一端进入，从另一端流出。由于池内水平流速很小，进水中的油在浮力作用下上浮，并聚集在池的表面，通过设在池面的集油管和刮油机收集浮油。

④ 离心分离法 是高速旋转的物体能产生离心力，当含有悬浮物、乳化油的废水在高速旋转时，由于悬浮颗粒、乳化油和废水的质量不同，因此受到的离心力大小也不同，质量大的被甩到外圈，质量小的留在内圈，通过不同的导出口分别引导出来，从而回收了废水中的悬浮颗粒或乳化油，净化了废水。

（2）污水的化学处理法 化学处理法是利用化学反应，处理回收污水中的污染物或将其转化为无毒无害物质的方法。

① 中和法 主要使废水进行酸碱中和反应，调整废水的酸碱度，使其呈中性或适应下一步处理的 pH 值。

含酸废水和含碱废水是两种重要的工业废液，中和处理方法因废水的酸碱性不同而不同。对酸性废水，主要有酸碱废水相互中和法、药剂中和法和过滤中和法。对碱性废水，主要有酸碱废水相互中和法、药剂中和法。

② 混凝法 是通过向污水中投加混凝剂，使细小悬浮颗粒和胶体微粒聚集成较粗大的颗粒而沉淀，从而与水分离，使污水得到净化。混凝法是污水处理中常采用的方法。

混凝的基本原理是：在废水中投入电解质作混凝剂，混凝剂发生水解后，在废水中形成胶团，其所带电荷与废水中原有胶体物或乳化油所带电荷相反，由于异性相吸，产生中和，使水中难以沉淀的胶体状颗粒失去稳定性，由于相互碰撞而聚集成较大的颗粒或絮状物，通过沉降和上浮而被除去。混凝剂可降低污水的浊度、色度，除去多种高分子物质、有机物、某些重金属毒物和放射性物质。

（3）污水的生物处理法 生物处理法是污水处理方法中最重要的方法之一。它是利用微生物的代谢作用把污水中的有机物转化成为简单的无机物，简称污水生化法。生物处理法可根据微生物生长对氧环境的要求不同，分为好氧生物处理与厌氧生物处理两大类方法。好氧生物处理法是在不断供氧的条件下，利用好氧微生物的生命活动来氧化有机物，好氧生物处理法分为氧化塘法、活性污泥法、生物膜法等。厌氧生物处理法是在缺氧或无氧的环境中，利用厌氧微生物的生命活动来氧化有机物，厌氧生物处理法分为高温堆肥、厌氧塘、厌氧滤池和厌氧流化床等。

① 活性污泥法 是以活性污泥（由好氧微生物及其代谢和吸附的有机物、无机物组成）为主体的废水生物处理的方法。该法是在人工充氧条件下，对污水中的各种微生物群体进行连续混合培养，形成活性污泥。利用活性污泥的生物凝聚、吸附和氧化作用，以分解去除污水中的有机污染物，然后将污泥与水分离。大部分污泥再回流到曝气池，多余部分则排出活性污泥系统。

典型的活性污泥法是由曝气池、沉淀池、污泥回流系统和剩余污泥排除系统组成。

污水和回流的活性污泥一起进入曝气池形成混合液。压缩空气通过铺设在曝气池底部的空气扩散装置，以细小气泡的形式进入污水中，目的是增加污水中的溶解氧含量，使混合液处于剧烈搅动的状态，呈悬浮状态。活性污泥净化废水包括三个阶段。

a. 吸附：污水中的有机污染物被活性污泥颗粒吸附在菌胶团的表面上，这是由于其巨大的比表面积和多糖类黏性物质。同时一些大分子有机物在细菌胞外酶作用下分解为小分子有机物。

b. 微生物的代谢：微生物在氧气充足的条件下，吸收这些有机物，并氧化分解，一部分氧化为二氧化碳和水，一部分供给自身的增殖繁衍。活性污泥反应进行的结果，污水中有机污染物得到降解而去除，活性污泥本身得以繁衍增长，污水则得以净化处理。

c. 絮凝与沉淀：经过活性污泥净化作用后的混合液进入二沉池，混合液中悬浮的活性污泥和其他固体物质在这里沉淀下来与水分离，澄清后的污水作为处理水排出系统。经过沉淀浓缩的污泥从沉淀池底部排出，其中大部分作为接种污泥回流至曝气池，以保证曝气池内的悬浮固体浓度和微生物浓度；增殖的微生物从系统中排出，称为"剩余污泥"。

② 生物膜法是让废水流过生长在固定支承物表面的生物膜，进行固、液相的物质交换，利用生物膜内微生物将有机物氧化，使废水获得净化，同时生物膜内微生物不断生长与繁殖的方法。

生物膜的形成过程：当有机废水或由活性污泥悬浮液培养而成的接种液流过载体时，水中的悬浮物及微生物被吸附于固相表面上，其中的微生物利用有机底物而生长繁殖，逐渐在载体表面形成一层黏液状的生物膜，这层生物膜具有生物化学活性，有进一步吸附、分解废水中呈悬浮、胶体和溶解状态的污染物。

生物膜去除有机物过程：滤料表面的生物膜可分为厌氧层和好氧层，在好氧层表面是一层附着的水层，附着水层中的有机物大多已被微生物氧化。附着的水层的外面是流动水层（废水），废水流经生物膜时，有机物经附着水层进入好氧层，被好氧微生物分解，代谢产物沿相反方向排至流动水层及空气中。内部厌氧层的厌氧菌用死亡的好氧菌及部分有机物进行厌氧代谢，代谢产物如有机酸等又转移到好氧层或流动水层中。生物膜去除有机物时，好氧代谢起主导作用。

生物膜法处理废水的构筑物有生物滤池、生物转盘、生物接触氧化池等。

③ 厌氧生化法是在无分子氧的条件下，通过厌氧微生物和兼氧微生物的作用，将污水中各种复杂有机物分解转化为甲烷和二氧化碳的过程，也称为厌氧消化。多用于城市污水处理厂的污泥、有机废料以及各种浓度有机废水的处理。

完全厌氧消化过程可分三个阶段。

第一阶段为水解酸化阶段。复杂的大分子、不溶性有机物在细胞外酶的作用下，水解为小分子、溶解性有机物，然后通过细胞壁进入细胞内，分解产生挥发性有机酸、醇类、醛类等，这个阶段主要产生较高级脂肪酸。

第二阶段为产氢气产乙酸阶段。在产氢气产乙酸细菌的作用下，将第一阶段产生的各种有机酸，进一步分解为乙酸、氢气和二氧化碳。

第三阶段为产甲烷阶段。在甲烷菌的作用下，将第二阶段产生的乙酸、乙酸盐、二氧化碳和氢气等转化为甲烷。此过程由两组生理上不同的产甲烷菌完成，一组把二氧化碳和氢气转化成甲烷，另一组由乙酸或乙酸盐脱羧产生甲烷。

厌氧生物处理的优点：处理过程消耗的能量少，有机物的去除率高，沉淀的污泥少且易脱水，可杀死病原菌，不需投加氮、磷等营养物质。但是，厌氧菌繁殖较慢，对毒物敏感，对环境条件要求严格，最终产物尚需需氧生物处理。近年来，常应用于高浓度有机废水的处理。

（4）污水的物理化学处理法　物理化学处理法是利用物理化学反应的原理来除去污水中溶解的有害物质，回收有用组分，并使污水得到深度净化的方法。其过程通常是从一相转移到另一相，即进行传质过程。常用的物理化学处理法有吸附、浮选、萃取和电解等。

① 浮选法　又称气浮法，浮选就是向废水中通入空气，在水中产生微小气泡，使废水中的乳化油、微小的悬浮颗粒等污染物黏附在气泡上，随气泡一起上浮到水面，实现固液或液液分离，净化废水。

浮选法主要用来处理废水中靠自然沉降或上浮难以去除的乳化油。广泛应用于含油废水处理。

② 吸附法　是一种物质附着在另一种物质表面上的过程。它能发生在气-液、气-固、液-固两相之间。一般都是以多孔性的固相物质作为离子交换吸附剂。吸附可分为如下几类。

物理吸附：是吸附质与吸附剂之间的分子间力（范德华力）产生的吸附，特点是被吸附的分子不是附着在吸附剂表面固定点上，而是能在界面上做自由移动。这种吸附没有选择性。

化学吸附：是吸附质与吸附剂之间发生化学吸附，形成牢固的吸附化学键和表面配合物，被吸附的分子不能在表面上自由移动。一种吸附剂只能对某种或特定几种吸附质有吸附作用，化学吸附具有选择性。

离子交换吸附：离子交换吸附就是通常所说的离子交换。是吸附质的离子由于静电引力聚集到吸附剂表面的带电点上，同时吸附剂也放出一个等量的其他离子。

在污水处理中，吸附过程往往是上述几种吸附作用的综合结果，如活性炭的吸附原理就包含有以上三种，物理吸附表现在活性炭的孔隙发达性，当杂质直径大于活性炭的孔隙时，就会被挡住；化学吸附，是由于活性炭孔隙中含有的物质能与水中的物质发生化学反应实现色度、臭味的过滤，离子吸附也跟化学吸附有相近的原理。

习　题

1. 什么叫生化需氧量（BOD_5）？
2. 什么叫化学需氧量（COD）？
3. 什么叫总有机碳（TOC）？
4. 什么叫总需氧量（TOD）？
5. 什么叫溶解氧（DO）？
6. 什么叫悬浮物（SS）？
7. 什么叫细菌总数？
8. 什么叫大肠菌群？

第五章 无机化工产品生产

第一节 硫 酸

一、硫酸的性质

1. 物理性质

纯硫酸（H_2SO_4）是一种无色透明的油状液体，故有"矾油"之称。在10.5℃时凝固成晶体。市售浓硫酸相对密度为1.84~1.86。浓度98％的硫酸沸点为330℃。

工业上生产的硫酸，是指三氧化硫（SO_3）与水（H_2O）以一定比例混合的溶液。如果三氧化硫与水的摩尔比小于1，则形成硫酸水溶液；若其摩尔比等于1，则是100％的纯硫酸；若其摩尔比大于1，称为发烟硫酸，主要由于空气中的水蒸气与释放出的三氧化硫（SO_3）迅速结合凝聚成酸雾的缘故。

（1）结晶温度 硫酸水溶液或发烟硫酸达到一定温度时，会由液态转变为固态而形成六种结晶状态的化合物，此时温度叫结晶温度，这些结晶化合物所对应的结晶温度差别甚大。

由于结晶的硫酸温差较大，造成了生产和使用的不方便，所以在我国北方硫酸厂冬季生产浓度为92％的硫酸，夏季可生产98％的硫酸，以防止硫酸因结晶堵塞生产设备及运输设备的事故发生。

（2）硫酸的相对密度 硫酸水溶液的密度，随着硫酸浓度的增加而增大，于98.3％时达到最大值，然后逐渐减小；发烟硫酸的密度，随着其中游离三氧化硫（SO_3）含量的增加而增大，达到62％时达到最大值，继续增加游离三氧化硫（SO_3）的含量，则发烟硫酸的密度减小。

（3）硫酸的沸点及蒸气压 一般来讲，硫酸水溶液的沸点，随着硫酸浓度的增加而增加，但存在一个恒沸点，当硫酸的含量为98.3％时，恒沸点温度为336℃，由此可知，稀硫酸浓缩不可能获得100％的硫酸。

2. 化学性质

酸是最活泼的无机酸之一，可与许多物质发生化学反应。

（1）硫酸与金属及金属氧化物反应，生成该金属硫酸盐，例如：

$$Zn + H_2SO_4(稀) == ZnSO_4 + H_2$$
$$CuO + H_2SO_4 == CuSO_4 + H_2O$$

（2）硫酸与氨及其水溶液反应，生成硫酸铵。

$$2NH_3 + H_2SO_4 == (NH_4)_2SO_4$$

（3）硫酸与水的强烈反应 浓硫酸与水有很强的结合力，能使有机体中的水分失去，使有机体烧焦（炭化）。例如，人体皮肤遇到浓硫酸时，就会发生严重的灼伤。

（4）在有机合成工业中用作磺化剂，例如：

$$C_6H_6 + H_2SO_4 \rightleftharpoons C_6H_5SO_3H + H_2O$$

3. 硫酸的用途

硫酸的性质决定了它用途的广泛性，硫酸素有"工业之母"之称，在国民经济中占有重要地位。

就化学工业本身而言，诸如，化学肥料中磷肥、氮肥和其他多元复合肥的制造都需要大量的硫酸；在有机化工领域，染料中间体、塑料、药品、橡胶等的生产也都要以硫酸作原料；在冶金工业中，如钢材加工及其成品的酸洗，有色冶金工业中铜、铝、锌等有色金属的提炼；在国防工业中，硫酸也有重要的用途，如炸药的制取。此外，还有石油精制、印染、制革、农药等工业都使用大量硫酸。

由此可知，硫酸已成为化工生产中必不可少的原料之一，也决定了它的重要性。

二、硫酸生产的原料

目前，世界各国生产硫酸的原料主要有硫铁矿、硫黄及其他含硫原料。

（1）**硫铁矿**　硫铁矿是当前硫酸生产最主要的原料，其主要成分是 FeS_2，矿石的颜色呈金黄色或黄绿色，具有金属光泽。含硫量在 $25\% \sim 52\%$，一般富矿含硫 $30\% \sim 48\%$，贫矿含硫在 25% 以下，含铁量在 $35\% \sim 44\%$，其余杂质为铜、锌、铅、锑、钴等有色金属和各种不同的硫酸盐和碳酸盐、石英等。

硫铁矿按其来源不同又可分为普通硫铁矿、浮选硫铁矿和含煤硫铁矿。

（2）**硫黄**　硫黄在常温下为固体，目前，硫黄是国外制酸的最主要原料，国外的硫黄大部分由石油化工回收而得。硫黄一般杂质含量少，只要在焙烧前略经除杂纯化，制成的炉气无需复杂的精制过程，经降温至 $420℃$ 后便可进入转化系统。与以硫铁矿为原料的制酸流程相比，节省投资费用，也可避免硫铁矿焙烧所产生的难以处理的矿渣及矿渣环境污染问题。

（3）**硫酸盐**　自然界存在着许多硫酸盐，如石膏（$CaSO_4 \cdot 2H_2O$）、重晶石（$BaSO_4$）、芒硝（$Na_2SO_4 \cdot 10H_2O$）等，其中以石膏贮量最为丰富，天然存在的石膏有三种，即无水石膏、雪花石膏和纤维石膏。尤其是无水石膏，许多国家都贮量甚丰。

我国天然石膏资源也十分丰富，分布极广，若将其综合利用，使硫酸厂与水泥厂联合生产，对发展我国硫酸和水泥工业具有重要意义。

三、硫酸生产的方法

硫酸的工业生产基本上有两种方法，即亚硝酸法和接触法。亚硝酸法又可分为铅室法和塔式法。鉴于亚硝酸法存在不足较多，现今已被接触法所取代，本节主要介绍接触法硫酸的生产。

1. 二氧化硫炉气的制备

（1）**硫铁矿的焙烧原理**　硫铁矿的焙烧，主要是矿石中的二硫化铁与空气中的氧反应生成二氧化硫炉气，这一反应通常在 $600℃$ 以上分两步进行。

第一步：二硫化铁受热分解为一硫化铁（又叫硫化亚铁）和硫黄。

$$2FeS_2 = 2FeS + S_2$$

第二步：生成的单体硫及一硫化铁与氧反应生成二氧化硫和炉渣（Fe_2O_3 和 Fe_3O_4 的混合物）。

$$S_2 + 2O_2 = 2SO_2$$

$$4FeS + 7O_2 = 2Fe_2O_3 + 4SO_2$$

$$3FeS + 5O_2 \rightleftharpoons Fe_3O_4 + 3SO_2$$

综合两步反应方程式，得到硫铁矿焙烧的总反应式：

$$4FeS_2 + 11O_2 \rightleftharpoons 2Fe_2O_3 + 8SO_2$$

$$3FeS_2 + 8O_2 \rightleftharpoons Fe_3O_4 + 6SO_2$$

应当指出的是，为了保证硫铁矿的焙烧完全，工业上应控制焙烧温度在 600℃ 以上。

(2) 硫铁矿焙烧的影响因素　二硫化铁的分解速率随温度的升高而迅速加快，而如果焙烧温度过高，会使矿石烧结成块，阻碍氧的扩散，炉气中二氧化硫浓度降低，矿渣中含硫量增大，同时焙烧炉的金属部件也被加速腐蚀，当温度升高到一定程度时温度对分解速率的影响不明显，此时分解速率受扩散控制影响。要提高 FeS 的氧化速率，就需要增加气固相接触面积，为此，需减小矿石粒度。

实践证明，提高氧的浓度会加快焙烧过程的总速率。因此，氧是影响扩散速率的主要因素。

综上所述，影响硫铁矿焙烧速率的主要因素有：温度、矿石的粒度、入炉空气的氧浓度等。

(3) 原料的预处理及沸腾焙烧

原料的预处理：由矿山开采的硫铁矿一般呈大小不一的块状，在送往焙烧工序之前，必须将矿石进行粉碎、分级筛选粒度、配矿和脱水等处理。

硫铁矿的破碎：送入沸腾炉焙烧的硫铁矿先经颚式破碎机粗碎至 6～10mm 大小颗粒，再经辊式压碎机或反击式破碎机细碎，一般粒度不得超过 4～5mm。

配矿就是配合，就是将贫硫铁矿和富硫铁矿混合起来搭配使用，以保证入炉混矿含硫量符合工艺规定的要求。也使低品位矿料得到充分利用。

沸腾炉干法加料要求湿度在 6% 以内，因此需将湿矿进行脱水。一般采用自然干燥，大型工厂采用滚筒干燥机进行干燥。

沸腾焙烧。硫铁矿的沸腾焙烧，是流态化技术在硫酸制造工业的具体应用。流体通过一定粒度的颗粒床层，随着流体流速的不同，床层会呈现固定床、硫化床及流体输送三种状态。在焙烧过程中需保持矿粒在炉中处于硫化床状态，而这取决于硫铁矿颗粒平均直径大小、矿料的物理性能及与之相适应的气流速度。

采用沸腾焙烧与常规焙烧相比，具有以下优点：

① 操作连续，便于自动控制；

② 固体颗粒小，气固相间的传热和传质面积大；

③ 固体颗粒在气流中剧烈运动，使得固体表面边界层不断被破坏和更新，从而使化学反应速率、传热和传质效率大为提高。

但沸腾焙烧也有一定的缺点，如焙烧炉出口气体中的粉尘较多，增加了气体除尘负荷。

沸腾炉结构。沸腾炉的炉体为钢壳，内衬保温砖，再衬耐火砖，炉内空间可分为空气室、沸腾层和上部燃烧空间三部分。图 5-1 所示为沸腾焙烧炉结构。

风室也称为空气室，由钢板焊成，系鼓入空气的空间，为了使空气能均匀地经过气体分布板进入沸腾层，空气室一般做成锥形。

分布板是气体分布板，为钢制花板，其作用是使空气均匀分布并有足够的流体阻力，有利于沸腾层的稳定操作。

沸腾层是矿料焙烧的主要空间，炉内温度此处最高，为防止温度过高而使矿料熔结，在沸腾炉层设有冷却装置来控制温度和回收热量。

沸腾层上部燃烧空间在沸腾炉上部有一段扩大的燃烧空间，在此加入二次空气，其目的主要是为了使细小的沸腾颗粒在炉内得到充分的焙烧，保证被吹出的矿粒达到一定的脱硫率。

2. 二氧化硫炉气的净化与干燥

（1）炉气的净化　硫铁矿焙烧得到的炉气中，除含有转化工序所需的二氧化硫、氧气及惰性气体氮气之外，还含有三氧化硫、水分、三氧化二砷、二氧化硒、氟化氢及矿尘等。炉气中的矿尘不仅会堵塞设备与管道，而且会造成后序催化剂失活。砷和硒则是催化剂的毒物；炉气中的水分及三氧化硫极易形成酸雾，不仅对设备产生严重腐蚀，而且很难被吸收除去。因此，在炉气送入转化工序之前，必须对炉气进行净化。

① 矿尘的清除　工业上对炉气矿尘的清除，根据尘粒的大小采用不同的方法。对于尘粒较大的可采用自由沉降或旋除尘器等机械除尘设备；对于尘粒较小的可采用电除尘器；对于更小颗粒的矿尘可采用液相洗涤法。下面主要介绍旋风除尘器和电除尘器两种设备，如图 5-2 和 5-3 所示。

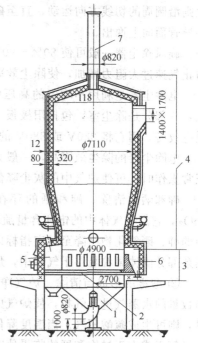

图 5-1　沸腾焙烧炉结构
1—风室；2—分布板；3—沸腾层；
4—上部燃烧室；5—前室；
6—出渣室；7—放空口

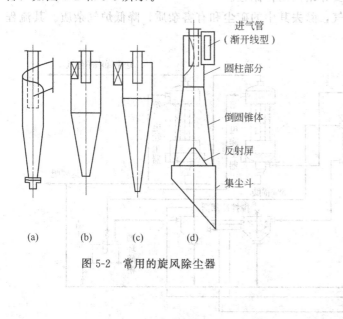

图 5-2　常用的旋风除尘器

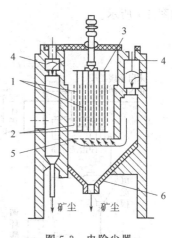

图 5-3　电除尘器
1—沉淀极；2—电晕极；3—悬挂电晕极的架子；4—气体进出口的闸门；
5—气体分布板；6—矿尘贮斗

旋风除尘器是一种结构简单、操作可靠、造价低廉、管理方便的初级除尘设备。其作用的基本原理是利用气体作旋转运动产生的离心力不同使矿尘与炉气分离。当气体在器内作回转运动时，由于矿尘与气体质量上的差异，所产生的离心力也不同，气体做圆周运动，而矿尘则沿圆周的切线方向运动，直至碰到器壁后沿器壁下沉到集尘斗中。净化后的气体则沿中央导管而向上逸出。

旋风除尘器一般可使 $80\% \sim 90\%$ 的矿尘得到分离，生产中气速一般控制在 $16 \sim 24 \text{m/s}$，防止气速过大阻力增加，使除尘效率降低。

电除尘器是利用不均匀的高压电场，将炉气中的微尘出去。电除尘器一般由两部分组成：一部分是除尘室，包括阳极板、电晕线、振打机构、外壳和排灰系统；另一部分是高压供电设备，用它将 220V 或 380V 的交流电变为 $50 \sim 90\text{kV}$ 的直流电，送到除尘室的电极上。

电除尘器的除尘效率高，一般为 $95\% \sim 99\%$，能除去粒度在 $0.01 \sim 100\mu\text{m}$ 的矿尘，在正常操作时，可使炉气中的灰尘降低至 0.2g/m^3。

砷和硒的清除。砷和硒的存在会使催化剂中毒，在焙烧过程中分别形成 As_2O_3 和 SeO_2，它们在气体中的饱和含量随着温度降低而迅速下降，当炉气温度降至 50℃ 时，气体中的砷、硒氧化物已降至规定指标以下。凝固成固相的砷、硒氧化物一部分被洗涤液带走，其余部分固体微粒悬浮于气相中，形成酸雾中心。

② 酸雾的形成与清除　炉气净化时，由于采用硫酸溶液或水洗涤炉气，洗涤液中有相当数量的水蒸气进入气相，使炉气中的水蒸气含量增加。当水蒸气与炉气中的三氧化硫接触时，则可生成硫酸蒸气。当温度降低时，硫酸蒸气就会达到饱和，直至过饱和。当过饱和度大于等于或大于过饱和度的临界值时，硫酸蒸气就会在气相中冷凝，形成气相中悬浮的微小液滴，称之为酸雾。而酸雾的清除一般在电除雾器中完成。电除雾器的除雾效率与雾粒直径成正比，为提高电除雾效率，一般采用逐级增大粒径、逐级分离的方法。

(2) 炉气的净化工艺流程　以硫铁矿制酸的炉气净化主要有酸洗流程及水洗流程两种，其次还有动力波净化工艺，本节主要介绍前两种流程。

酸洗流程。利用稀硫酸洗涤炉气，除去其中的矿尘和有害杂质，降低炉气杂质。其流程如图 5-4 所示。

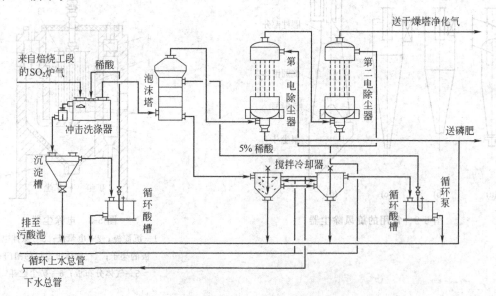

图 5-4　二氧化硫炉气净化酸洗流程示意图

由电吸尘器来的炉气，进入冲击式洗涤器，用 10% 的循环稀酸洗涤，炉气温度由 $360 \sim 380\text{℃}$ 降至 $60 \sim 62\text{℃}$，带入的矿尘及部分砷氧化物、硒和氟化物被除去，因炉气温度骤降而产生的酸雾，在此也被稀酸洗涤除去。由洗涤器出来的气体由下部进入淋降式泡沫塔进一步用5％的稀酸净化和冷却，使气体温度降到37℃左右，残存的矿尘、大部分酸雾及砷氧化物、硒和氟化物等在此又进一步除去。

气体经两次稀酸洗涤后，由于稀酸吸收酸雾能力低，故由泡沫塔出来的炉气仍含有相当数量的酸雾，同时，经两次酸洗的炉气又被水汽所饱和，所以气体进入转化工序前必须将这些酸雾及水汽除去后，方能进入转化系统。

由泡沫塔出来的气体，使其进入两级电除雾器，借高压直流电的作用产生电晕电流，将酸雾及水雾除去。

经第二电除雾器出来的气体仍含有少量水汽，必须再送到干燥塔内用93％浓硫酸干燥，除尽水汽后才能送去转化。

由电除雾器出来的稀酸送磷肥系统配酸用或送污酸池处理，泡沫槽流出的稀酸经冷却后再循环回泡沫塔。由冲击洗涤器出来的稀酸经沉淀槽清除沉淀矿尘后到循环槽冷却，补充浓度后再送入洗涤器使用。在检修期清除设备所得污酸全部排入污酸池。

这种流程具有污水少，污稀酸可回收利用，以及二氧化硫、三氧化硫损失少等优点，但有流程复杂，金属材料耗用多、投资大等缺点。

水洗流程 将炉气初步冷却和旋风除尘后，用大量水喷淋，洗涤掉炉气中的有害杂质。此外，通过水洗还有降低炉气温度的效果（一般可降至70℃以下）。这种方法很适用于以含硫矿砂作原料的沸腾焙烧流程。图5-5所示为目前较典型的一种水洗流程。

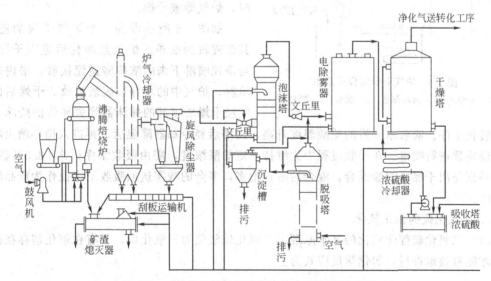

图5-5 二氧化硫炉气制造与净化水洗流程示意图

水洗法的具体流程是：从炉顶排出的炉气（大约750℃），此时含矿尘100～200g/m³，经炉气冷却器（自然冷却），由于气流方向的改变，矿尘约有25％被除去，接着炉气进入旋风分离器，借旋风分离作用，再除占75％的矿尘，然后让炉气进入第一文丘里除尘器，因旋风分离不能除去3μm以下的矿尘，所以，从旋风分离器出来的炉气，仍含有0.2g/m³左右矿尘（此时炉气温度仍有300℃左右），进入第一文丘里除尘器的炉气，在压力为Jkgf/cm²（1kgf/cm²＝98.067kPa）和流速为8m/s的水冷洗涤下，炉气温度降至60℃左右，含矿尘量降至0.005g/m³以下。冷后的炉气与喷冷水一齐进泡沫塔下部，再经水鼓泡洗涤冷却，并除去经文丘里除尘器洗涤颗粒增大的矿尘及三氧化硫在洗涤过程中形成的部分酸雾后，由顶部出来，再进入第二文丘里除尘器洗涤，使在泡沫塔未除去的酸雾滴增大（包括三氧化二砷和二氧化硒形成的砷雾和硒雾），然后从顶部出来自下部进入电除雾器（溶解在泡沫塔洗涤水中的一氧化硫，经脱气塔出来后一并进入电除雾器），经静电除雾将残余的酸、砷和硒的雾全部除去。由电除雾器顶部出来的炉气中除二氧化硫、氧和大量氮外，对二氧化硫转化有危害的物质，仅有水蒸气了，因此再使它自下部进入干燥塔，再由上部喷洒下来的93％浓硫酸干燥后，即可送去转化。干燥酸经干燥炉气后浓度有所降低，吸收水分能力减小，故出干燥塔后进入混酸槽与少量从吸收系统来的98％的酸混合，待浓度回升至93％后用酸泵打入干燥塔循环使用。

（3）炉气的干燥　炉气经洗涤降温和除雾后，已清除了硒、砷、氟和酸雾，但炉气中还含有一定量的水蒸气，这些水蒸气如果进入二氧化硫转化器，会与三氧化硫再次形成酸雾，且会造成对钒催化剂的破坏。因此，炉气在进入转化工序前必须进行严格的干燥，使炉气中水蒸气含量小于 $0.1g/m^3$（炉气）。工业生产中常用浓硫酸作干燥剂，主要因为浓硫酸具有强烈的吸水性，在同一温度下，硫酸的浓度愈高，其液面上水蒸气的平衡分压愈小。当炉气中的水蒸气分压大于硫酸液面上的水蒸气分压时，炉气即被干燥。

如图 5-6 所示即为一个炉气干燥的流程，其流程较为简单。炉气经净化后进入干燥塔，与塔顶喷淋下来的浓硫酸逆流接触，塔内装有填料，炉气中的水分被硫酸吸收。干燥后的炉气经干燥塔顶部的捕沫器除去夹带的酸沫，然

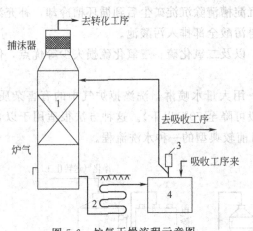

图 5-6　炉气干燥流程示意图
1—干燥塔；2—酸冷却器；3—酸泵；4—循环槽

后去转化工序。吸收水分后的硫酸温度升高，出塔后经冷却器降温后，再进入循环槽由酸泵送干燥塔顶进行喷淋。在吸收过程中为维持一定的酸浓度，需由吸收工序引来98.3％硫酸，在循环槽与出干燥塔的酸混合，混合后酸量增多，多余的酸需送回吸收工序或作为成品酸送入酸库。

3. 二氧化硫的催化氧化

（1）二氧化硫催化氧化的基本原理　二氧化硫氧化为三氧化硫，只有在催化剂存在的条件下才能有效地进行，起化学反应式为：

$$SO_2 + \frac{1}{2}O_2 == SO_3$$

此反应是可逆放热、体积缩小的反应。

当压力、炉气起始组成一定时，降低温度，平衡转化率提高，因为二氧化硫催化氧化反应是个放热反应。当温度、压力一定时，气体起始组成中，a 越小或 b 越大，平衡转化率越大，反之亦然。

需要强调：虽然二氧化硫催化氧化反应是个体积减小的反应，但常压下平衡转化率已较高，通常达95％～98％，所以工业生产中无需采用高压。

（2）二氧化硫氧化催化剂　二氧化硫氧化反应所用的催化剂，主要采用钒催化剂。钒催

化剂是以五氧化二钒为活性组分，以碱金属盐类（硫酸盐）作组催化剂，以硅胶、硅藻土、硅酸盐作载体。其化学成分一般为：V_2O_5 5%～9%，K_2O 9%～13%，Na_2O 1%～5%，SiO_2 50%～70%，并含有少量的 Fe_2O_3、Al_2O_3、CaO、MgO 等。产品一般为圆柱形，直径 4～10mm，长 6～15mm。

引起钒催化剂中毒的主要毒物有砷、氟、酸雾及矿尘等。

（3）二氧化硫催化氧化的工艺条件

① 最佳温度　从化学平衡来看，降低温度对化学平衡有利。从动力学角度看，要提高反应速率，就必须适当提高反应温度。因此，温度对平衡和动力学两者的影响互为矛盾，且二氧化硫的氧化是在催化剂存在的条件下进行的，而催化剂本身有一个活性温度范围。由于以上原因，二氧化硫的催化氧化就引出了一个最佳温度。在该温度下，对于一定的炉气组成若要达到某瞬时转化率，其反应速率为最大。

若反应体系炉气的组成、压力及催化剂等一定，反应速率仅是温度和转化率的函数。转化率越高，最佳温度越低，在相同温度下，转化率越高，则反应速率越小。

工业生产中，为了使反应在最佳温度下进行，一般采用多段转化的办法，即将催化剂层分为数段，第一段温度控制高一些，以后各段温度依次降低，这样，反应初期，由于混合气体远离平衡，所以反应速率较快，而反应后期，则可以获得较高的转化率。

压力在工业生产中，因为在常压下平衡转化率已达到较高值，故二氧化硫的催化氧化采用常压。

② 最终转化率　最终转化率是硫酸生产的主要指标之一。提高最终转化率，不仅可以降低尾气中二氧化硫的含量，减少环境污染，而且可以提高硫的利用率。但同时会导致催化剂用量和流体阻力的增加。因此，最终转化率的确定也存在最优化问题。

最终转化率的最佳值的确定与所采用的工艺流程、设备和操作条件有关。对于一次转化一次吸收的流程（简称"一转一吸"流程），在尾气不回收的情况下，最终转化率与成本的关系如图 5-7 所示。

由图 5-7 可知，当最终转化率为 97.5%～98% 时，硫酸生产成本最低，如采用二氧化硫回收装置，最终转化率可以取低些。如果采用两次转化两次吸收流程（简称"两转两吸"流程），最终转化率可达到 99.5%。

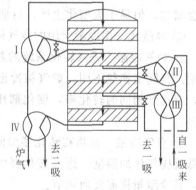

图 5-7　两转两吸换热器组合型式（Ⅳ，Ⅰ-Ⅲ，Ⅱ）

（4）工艺流程及主要设备　二氧化硫催化氧化的工艺流程有"一转一吸"流程和"两转两吸"流程，由于"一转一吸"流程在尾气中含 SO_2 较高，所以工业生产中以"两转两吸"流程为主。

"两转两吸"的基本特点是，二氧化硫炉气在转化器中经过三段（或两段）转化后，送中间吸收塔吸收 SO_3。由于在两次转化间增加了吸收工艺，除去了 SO_3，有利于后续转化反应进行得更完全。如图 5-7（Ⅳ，Ⅰ-Ⅲ，Ⅱ）"两转两吸"流程换热器组合。而"两转两吸"工艺流程段间换热器还可以有（Ⅲ，Ⅱ-Ⅳ，Ⅰ）、（Ⅲ，Ⅰ-Ⅳ，Ⅱ）等组合。至于选择哪一种组合，需要经过多方案技术经济评价。评价的标准是在保证最佳工艺条件的前提下，总换热面积最小。

二氧化硫催化氧化的主要设备称为接触器，又叫转化器。工业生产中，为了使转化器中二氧化硫过程尽可能遵循最佳温度曲线进行，同时能及时移走反应系统中的反应热。为此，二氧化硫转化多为分段进行，在每段间采用不同的冷却方式。我国目前普遍采用的是四～五段固定床转化器。又根据中间换热方式的不同，在段间多采用间接换热器和冷激式两种冷却方式。参见图 5-8。

① 间接换热式　间接换热就是使反应前后的冷热气体在换热器中进行间接接触，达到使反应后气体冷却的目的。依换热器安装位置不同，又分为内部间接换热和外部间接换热两种形式，见图 5-8(a) 及（b）所示。

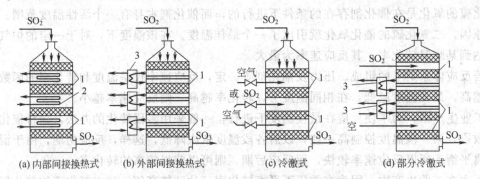

图 5-8　多段中间换热式转化器

1—催化剂床层；2—内部换热器；3—外部换热器

内部间接换热式转化器结构紧凑，系统阻力小，热损失少，但结构复杂，不利于检修，尤其不利于生产的大型化。而外部换热式转化器结构简单，虽然系统管线长，阻力及热损失都会增加，但易于大型化生产。目前在大中型硫酸厂得到广泛应用。

② 冷激式　据冷激所用的冷气体不同，分为炉气冷激和空气冷激，见图 5-8(c) 所示。

a. 炉气冷激　进入转化系统的新鲜炉气，一部分进入第一段催化床，其余的炉气作冷激用。与间接换热不同，炉气被冷激后，所加入的部分新鲜炉气使二氧化硫转化率有所下降，要达到相同的转化率，催化剂用量要有所增加，且最终转化率越高，催化剂用量增加越多。

b. 空气冷激　是指在转化器段间补充预先经硫酸干燥塔干燥的空气，通过直接换热以降低反应气体的温度。进入转化器的新鲜混合气体全部进入第一段催化床，冷空气是外加的，其冷激量视需要而调节。

采用空气冷激，可达到更高的转化率。但空气冷激只有当进入转化器的气体不需预热，且含有较高 SO_2 时才适用。对于硫铁矿为原料的转化工艺，因新鲜原料气温度低，需预热。若采用空气冷激，也只能采用部分空气冷激，见图 5-8(d) 所示。

四、三氧化硫的吸收

二氧化硫经催化氧化后，转化气中含 SO_3 约 7% 及 SO_2 约 0.2%，其余为氧气和氮气。三氧化硫吸收反应为：

$$nSO_3 + H_2O \longrightarrow H_2SO_4 + (n-1)SO_3 + Q$$

从化学反应式来看，SO_3 可以用水吸收，但用水来吸收时，吸收液表面水蒸气压力很大，所以工业上一般用浓硫酸来吸收。

1. 三氧化硫吸收的工艺条件

（1）吸收酸浓度　用硫酸溶液吸收 SO_3 时，吸收酸的浓度选择为 98.3％的浓硫酸时吸收效果最好。当浓度低于 98.3％时，液面上有水蒸气存在，而与三氧化硫气体在气相中生成酸雾，所以吸收不完全。当硫酸浓度大于 98.3％时，硫酸和三氧化硫的蒸气压随浓度的增加而增大，三氧化硫平衡分压也增大，气相中的三氧化硫不能完全被吸收，随尾气排出后亦在大气中形成酸雾。因此，三氧化硫的吸收效率又随酸的浓度增加而降低。所以，采用 98.3％的硫酸溶液为吸收剂，三氧化硫的吸收最为完全。

（2）吸收酸温度。吸收酸温度对三氧化硫吸收率影响也较大。从吸收角度看，温度越高越不利于吸收操作。因为酸温度越高，吸收酸液面三氧化硫和水蒸气分压也越高，易形成酸雾，导致吸收率下降，且易造成三氧化硫损失。酸温度升高的另一个后果就是随管道腐蚀性加剧。因此，综合考虑酸雾形成、吸收率及管路腐蚀等因素，工业生产中，控制吸收酸温度在 40～45℃为宜，一般不超过 50℃，出塔酸温度不高于 70℃。

（3）三氧化硫气体温度　在吸收操作中，进塔气体温度较高，不利于三氧化硫的吸收。但温度过低也不利于三氧化硫的吸收，容易生成酸雾，尤其是炉气干燥不佳时。所以一般将进塔气体冷却到 60～70℃，以便于进行吸收。

2. 吸收工艺流程

图 5-9 所示为生产标准发烟硫酸和浓度为 98.3％硫酸的典型工艺流程。

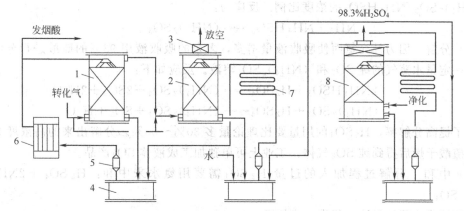

图 5-9　生产发烟硫酸时的干燥-吸收流程

1—发烟硫酸吸收塔；2—浓硫酸吸收塔；3—捕沫器；4—循环槽；5—泵；
6，7—酸冷却器；8—干燥塔

转化气经 SO_3 冷却器冷却后，先经过发烟硫酸吸收塔 1，再 98.3％浓硫酸吸收塔 2。气体经吸收后通过尾气烟囱放空，或者送入尾气回收工序。吸收 1 用 18.6％或 20％（游离 SO_3）的发烟硫酸喷淋，吸收 SO_3 后其浓度和温度均有升高。吸收塔 1 流出的发烟硫酸在循环槽中与 98.3％硫酸混合，以保持发烟硫酸的浓度。混合后发烟硫酸经过酸冷却器 6 冷却后，其中一部分作为标准发烟硫酸送发烟酸库，大部分送吸收塔 1 循环使用。吸收塔 2 用 98.3％硫酸喷淋，塔底排出酸的浓度和温度也均上升，吸收塔 2 流出的酸在循环槽中与来自干燥塔的 93％硫酸混合，以保持 98.3％硫酸的浓度，冷却器冷却后的 98.3％硫酸有一部分送往发烟硫酸循环槽稀释发烟硫酸，另有一部分往干燥酸循环槽以保持干燥酸的浓度，大部分送入吸收塔 2 循环使用，同时可抽出部分作成品酸。

五、尾气处理

硫酸厂中尾气的有害物质主要是少量二氧化硫及部分三氧化硫，其含量视具体工艺不同而略有差别，一般在 0.3% 左右。实际生产中若采用"两转两吸"流程，其二氧化硫的转化率达 99.5% 以上，不必处理即可排放。而未采用"两转两吸"流程的工厂一般采用氨-酸法处理尾气。

氨-酸法是利用氨水吸收尾气中 SO_2 和 SO_3 的方法。其过程由吸收、分解及中和三个部分组成。

(1) 吸收　氨水吸收 SO_2 生成 $(NH_4)_2SO_3$ 和 NH_4HSO_3 溶液，反应如下：

$$2NH_3 \cdot H_2O + SO_2 \Longrightarrow (NH_4)_2SO_3 + H_2O$$

$$(NH_4)_2SO_3 + SO_2 + H_2O \Longrightarrow 2NH_4HSO_3$$

因为 $(NH_4)_2SO_3$ 和 NH_4HSO_3 溶液不稳定，易与尾气中的 SO_2、O_2 和酸雾发生如下反应：

$$2(NH_4)_2SO_3 + O_2 \Longrightarrow 2(NH_4)_2SO_4$$

$$2NH_4HSO_3 + O_2 \Longrightarrow 2NH_4HSO_4$$

$$2(NH_4)_2SO_3 + SO_3 + H_2O \Longrightarrow 2NH_4HSO_3 + (NH_4)_2SO_4$$

上述反应均为放热反应，当循环吸收液中亚硫酸铵达到一定浓度时，吸收能力下降，因此除不断引出部分溶液外，还应向循环塔内加氨或氨水，以调整吸收液的成分，保持吸收液中 $(NH_4)_2SO_3/NH_4HSO_3$ 的浓度比例。反应为：

$$NH_3 + NH_4HSO_3 \Longrightarrow (NH_4)_2SO_3$$

(2) 分解　因为补充氨而使吸收液量增多，多余的吸收液用 93% 的硫酸进行分解，得到含有一定量水蒸气的纯 SO_2 和 $(NH_4)_2SO_4$ 溶液。反应如下：

$$2NH_4HSO_3 + H_2SO_4 \Longrightarrow (NH_4)_2SO_4 + 2SO_2 + 2H_2O$$

$$(NH_4)_2SO_3 + H_2SO_4 \Longrightarrow (NH_4)_2SO_4 + SO_2 + H_2O$$

为了提高分解率，H_2SO_4 的用量要比理论量多 $30\% \sim 50\%$。分解出来的高浓度 SO_2 气体，用硫酸干燥后得到纯 SO_2 气体，工业上可单独加工成液体 SO_2 产品。

(3) 中和　分解过程加入的过量 H_2SO_4 需要用氨水来中和：$H_2SO_4 + 2NH_3 \Longrightarrow (NH_4)_2SO_4$

使溶液成为硫铵母液，待进一步加工。

尾气处理的方法除了氨-酸法之外，还有碱法、金属氧化物法、活性炭法等。

第二节　合成氨

自从 1754 年发现氨，1909 年哈伯研究成功工业氨合成方法至今，合成氨生产技术已发展到一个相当高的水平，生产操作高度自动化，生产规模大型化，热能的综合利用充分合理。因其用途广泛，也使合成氨产量增长迅速，就我国合成氨生产而言，从 1941 年，最高年产量不过 50kt 到现在合成氨产量居世界第一，已形成了遍布全国、大中小型氨厂并存的氮肥工业布局。

近年来合成氨工业发展很快，大型化、低能耗、清洁生产是合成氨装置发展的主流，技术改进主要方向是研制性能更好的催化剂、降低氨合成压力、开发新的原料气净化方法、降低燃料消耗、回收和合理利用低位热能等方面上。在近年来对能源的需求增大的情况下，我国西部以石油、天然气为原料的合成氨生产技术发展迅速。

一、氨的性质

1. 物理性质

常温常压下，氨是一种具有特殊刺激性气味的无色气体，能刺激人体器官的黏膜。氨有强烈的毒性，空气中含有 0.5%（体积分数）的氨，就能使人在几分钟内窒息死亡。在标准条件下，氨的相对密度为 0.5971（空气为 1）。

氨很容易被液化，在 0.1MPa、−33.5℃，或在常温下加压到 0.7~0.8MPa，氨就能冷凝成无色的液体，同时放出大量的热量。氨的临界温度为 132.9℃，临界压力为 11.38MPa。液氨的相对密度为 0.667（20℃）。若将液氨在 0.101MPa 压力下冷至 −77.7℃，就凝结成约带臭味的无色晶体。液氨也很容易汽化，降低压力可急剧蒸发，并吸收大量的热。

氨极易溶于水，可制成含氨 15%~30%（质量分数）的商品氨水。氨溶解时放出大量的热。氨的水溶液呈弱碱性，易挥发。

2. 化学性质

氨的化学性质较活泼，能与酸或酸酐反应生成各种铵盐；在有水的条件下，对铜、银、锌等金属有腐蚀作用。

氨的自燃点为 630℃，在空气中燃烧生成氨和水。氨与空气或氧按一定比例混合后，遇火能爆炸。在常温常压下，氨在空气中的爆炸范围为 15.5%~28%，在氧气中为 13.5%~82%。

3. 氨的用途

氨是重要的化工产品之一，其用途广泛。在农业生产方面，以氨为原料制造化学肥料，如尿素、硝酸铵、碳酸氢铵、氯化铵以及各种含氮混合肥和复合肥；氨也是重要的工业原料，广泛用于制药、炼油、纯碱、合成纤维、含氮无机盐等工业；此外，氨还应用于国防工业和尖端技术中，作为制造三硝基甲苯、硝化甘油、硝化纤维等多种炸药的原料，作为生产导弹、火箭的推进剂和氧化剂；在日常生活中氨也可以作为冷冻、冷藏系统的制冷剂。所以合成氨工业在国民经济中占有十分重要的地位。

二、合成氨生产过程

不同的合成氨厂，生产工艺流程不完全相同。但是，无论哪种类型的合成氨厂，生产过程均包括以下几个主要生产工序。

1. 原料气制备工序

原料气制备工序也称造气工序，其任务是制备生产合成氨所用的氢、氮原料气。氢气来源于水蒸气和含有碳氢化合物的各种燃料。目前工业上普遍采用焦炭、煤、天然气、轻油、重油等燃料，在高温下与水蒸气反应的方法制氢。氮气来源于空气。在制氢过程中直接加入空气，将空气中的氧与可燃性物质反应而除去，剩下的氮与氢混合，获得氢氮混合气。或者在低温下将空气液化，再利用氮与氧沸点的不同，进行分离，得到纯的氮气。

2. 原料气的净化工序

原料气的净化工序主要包括脱硫工序、CO 变换工序、脱碳工序和精制工序。

脱硫工序用脱硫剂除去原料气中的硫化物。

变换工序利用一氧化碳与蒸汽作用，生成氢和二氧化碳的变换反应，除去原料气中大部分一氧化碳。

脱碳工序在变换工序之后，原料气中含有较多的二氧化碳，其中既有原料气制备过程生成的，也有变换产生的。脱碳工序的任务是利用脱碳溶液除去原料气中大部分的二氧化碳。

精制工序脱除原料气中还含有少量一氧化碳及二氧化碳，得到较为纯净的氢、氮混合气。

3. 压缩与合成工序

将来自于净化工段的合成气压缩到氨合成反应所需的压力，氨合成工序在高温、高压和有催化剂存在的条件下，将氢氮气合成为氨。

综上所述，生产合成氨的原料主要是煤、天然气、重油等，生产合成氨的主要过程一般如下工艺流程图所示。

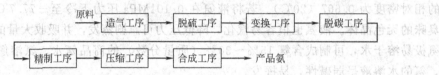

三、合成氨原料气的制备

1. 固体燃料的气化

(1) 固体燃料的气化　固体燃料的气化是用气化剂（空气、水蒸气）对固体燃料（焦炭、煤）进行热加工，生成可燃性气体的过程，简称造气。气化后得到的可燃性气体称为煤气。进行气化的设备称煤气发生炉。

煤气的成分取决于燃料和气化剂的种类，以及气化的条件。根据气化剂的不同，工业煤气可分为下列四种。

空气煤气：以空气为气化剂制取的煤气，又称吹风气。

水煤气：以水蒸气为气化剂制取的煤气。

混合煤气：以空气和适量的水蒸气为气化剂制取的煤气。

半水煤气：以适量的空气（或富氧空气）与水蒸气作为气化剂制取的煤气。

上述四种煤气的组成如表 5-1 所示。

表 5-1　煤气的组成

煤气名称	气体组成/%（体积分数）						
	H_2	CO	CO_2	N_2	CH_4	O_2	H_2S
空气煤气	0.5～0.9	32～33	0.5～1.5	64～66			
混合煤气	12～15	25～33	5～9	52～56	1.5～3	0.1～0.3	
水煤气	47～52	35～40	5～7	2～6	0.3～0.6	0.1～0.2	0.2
半水煤气	37～39	28～30	6～12	20～23	0.3～0.5	0.2	0.2

煤气中的氢和氮是合成氨的原料，要求原料气中 $(H_2+CO)/N_2=3.1:3.2$，从表中煤气组成可以看出，半水煤气是适宜于生产氨的原料气。水煤气经过净化后得到纯净的氢气，在配入适量氮气，也可成为合成氨的原料气。

(2) 固体燃料气化方法　以固体燃料为原料，制取合成氨原料气的方法主要有以下几种。

① 固定层间歇制气法　以水蒸气和空气为气化剂，交替通过固定燃料层，使燃料气化得到半水煤气。这种方法是在固定层移动床煤气发生炉中分蓄热和制气量阶段进行的。首先从炉底通入空气与燃料燃烧，所放出的热量主要蓄积在燃料层中，这个过程称为吹风阶段，主要目的是提高燃料层温度，为蒸汽与碳的反应提供热量，生成的气体（吹风气）大部分放

空。然后送入蒸汽进行气化反应，这一过程称为制气阶段，主要目的是通过蒸汽与碳反应生成水煤气，在所得的水煤气中配入部分吹风气即成半水煤气。如果吹风阶段将吹风气全部放空，在制气阶段向蒸汽中加入适量空气，也可制得半水煤气。

在稳定气化的条件，燃料层大致可以分为四个区域：干燥区、干馏区、气化区（还原层、氧化层）及灰渣区。其结构如图 5-10 所示。

② 固定层连续气化法　以富氧空气（或氧气）与蒸汽混合为气化剂，连续通过固定的燃料层进行气化。该法克服了间歇式气化法吹风与制气间歇进行及操作复杂等缺点，简化了流程，提高了煤气炉的生产能力。但此法在后工序需加入纯氮，使氢氮比符合要求，同时还需配置制氧设备。

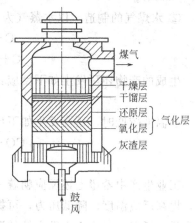

图 5-10　燃料层的分区

固定层连续气化法根据操作压力的不同，可分为常压和加压（2.5～3.2MPa）两种工艺。其中加压连续气化法是合成氨厂常用的方法之一，典型的有鲁奇法，所用气化炉也叫鲁奇炉。

③ 沸腾层气化法　以富氧空气（纯氧）与蒸汽的混合气为气化剂，连续通入煤气炉，使燃料在炉内呈悬浮状态并进行气化反应的过程。沸腾层气化在一定程度上能利用细粒的劣质燃料，且气化强度又较固定层高，但由于反应温度受灰熔点和煤的黏结性的限制，故要求活性高的燃料，因此，工业化生产的推广受到一定的局限性。

④ 气流层气化　高温下，以氧和蒸汽的混合气为气化剂与粒度小于 0.1mm 的粉煤并流气化。该法生产强度大，煤气化率高，灰渣呈熔融态排出。典型的有德士古气化法，这种方法不仅可以使用各种烟煤、劣质煤为气化原料，而且碳转化率高达 90%，因而发展速度较快，应用也较为广泛。

(3) 固体燃料气化原理

① 空气煤气的制造　以空气为气化剂，碳与氧的反应如下：

$$C + O_2 = CO_2$$

$$C + \frac{1}{2}O_2 = CO$$

$$C + CO_2 = 2CO$$

$$CO + \frac{1}{2}O_2 = CO_2$$

当空气从炉底进入煤气发生炉，先经过灰渣区预热入炉的冷空气，保护炉条使它不致在炉内高温变形；预热后的空气进入气化区，在气化区的氧化层与碳发生反应，气体继续上升在气化区的还原层发生反应；气体再向上进入干馏区，在这个区域里不发生反应，只是碳受热释放出低分子烃类，自身被逐渐焦炭化；最后混合气体一起进入最上层，在这一层里将刚加下来的碳中的水分蒸发，因此这一层为干燥层。最后所得到的煤气集聚于干燥层上的自由空间。

由于反应产生大量的热，气化温度可达到 1100～1400℃，煤气自炉上不出来时温度达

500～600℃。

② 水煤气的制造 以水蒸气为气化剂，碳与氧的反应如下：

$$C + H_2O(g) = CO + H_2$$
$$C + 2H_2O(g) = CO_2 + 2H_2$$

生成的产物还可发生如下反应：

$$CO_2 + C = 2CO$$

当温度较低时，还会发生如下反应：

$$CO + H_2O(g) = CO_2 + H_2$$
$$C + 2H_2 = CH_4$$

工业生产中希望上述反应朝着一氧化碳和氢气增大的方向进行，依据化学平衡移动的理论，提高反应温度，降低压力，可提高煤气中一氧化碳和氢气的含量，减少二氧化碳和甲烷的含量，所以实际生产中发生炉的温度一般控制在900℃以上。

③ 半水煤气的制造 以适量的空气（或富氧空气）和水蒸气作为气化剂制取半水煤气，要求混合气体的组成符合 $n_{(CO+H_2)} : n_{N_2} = 3.1 : 3.2$。通过前面的反应可知，一定比例的空气和水蒸气汽化时，可制得合成氨用的半水煤气，其反应是吸热反应，要在较高的温度下才能进行，一般要求在1000℃以上。实际生产中要维持这样高的温度，首先，使空气与碳反应制造吹风气，反应放出大量的热储存在碳层中，使碳层的温度提高到1000℃以上，此时停止吹风，然后通入水蒸气，进行制造水煤气的反应。造气以后炉温降低，需要吹风再把炉温提高，如此反复进行。

但是这样生产出来的气体不符合合成氨原料气组成的要求，虽然满足了系统的热平衡，所以在生产中采用降低空气送入量，提供外供热，以满足反应在较高的温度下进行，同时把水蒸气和少量空气混合起来，同时吹入炉中与碳反应，以制造符合合成氨生产的半水煤气的要求。

（4）工艺流程和主要设备 制气工艺流程有很多方法，如间歇式制取半水煤气的工艺流程，一般由煤气发生炉、余热回收装置、煤气降温除尘以及煤气储存等部分组成。下面以中型氨厂生产流程（UGI型煤气发生炉）为例（见图5-11），燃料由煤气发生炉顶部加入炉内，在煤气炉内原则上只需进行吹风和制气两个阶段。而实际过程分为吹风、一次上吹、下吹制气、二次上吹、空气吹净五个阶段。

吹风阶段：空气自煤气发生炉底部送入，吹风气经废热锅炉回收热量后放空，此阶段的作用是提高燃料层温度，为制气做准备。

一次上吹阶段：蒸汽和加氮空气混合后自炉底不送入煤气发生炉，经灰渣层预热，进入气化层进行气化反应，生成的煤气送入气柜。

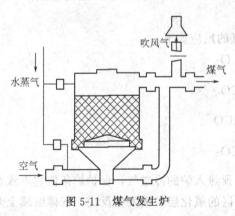

图 5-11 煤气发生炉

下吹制气阶段：蒸汽和加氮空气混合气体从炉顶自上而下通过燃料层，生成的煤气送入气柜。下吹制气同时能稳定气化层温度。

二次上吹阶段：其流程与一次上吹阶段相同，此阶段的作用是将炉底积存的煤气排出，防止吹风时空气与煤气在炉底相遇发生爆炸。

空气吹净阶段：空气自煤气发生炉底部吹入，生成的空气煤气送入气柜。其目的是排出并回收存于煤气炉上部及管道中残余的煤气。

间歇式制取半水煤气的主要设备是煤气发生炉（简称煤气炉）。煤气炉一般由炉体、夹套锅炉、底盘、机械除尘装置和传动装置组成，如图 5-12 所示。

间歇式制取半水煤气由于空气需求量大，对燃料要求高，加之阀门启闭频繁，部件容易损坏，且气化效率低，操作复杂，有时采用固定层加压连续气化法。

2. 烃类转化制气

（1）**烃类制气的原料**　烃类转化制取合成氨原料气的原料，主要是气态烃和轻质液态烃。气态烃主要是天然气，此外还有炼厂尾气等；轻质液态烃是指原油蒸馏所得到 220℃以下的馏分，亦称轻油或石脑油。

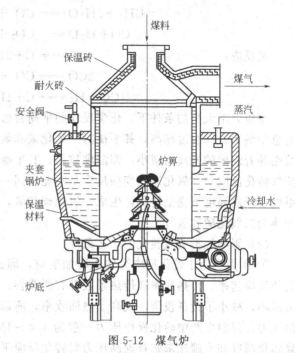

图 5-12　煤气炉

（2）**烃类转化制气技术**　烃类转化制气根据制气原料分为气态烃转化制气和轻油转化制气。

① 气态烃转化制气是一个强烈的吸热过程，所以按照热量提供方式的不同，工业生产上又分为间歇转化法和连续转化法。

间歇转化法（或称蓄热转化法）的生产过程分为吹风和制气两个阶段，并不断交替进行。在吹风阶段利用气态烃与空气间强烈的放热反应，使催化剂床层的温度升高，在床层中积蓄能量。在制气阶段，气态烃与蒸汽在催化剂层进行转化反应，制取合成氨原料气。间歇转化法不需要制氧装置，也不需要昂贵的合金材料，投资省、建厂快，但热能利用率低、原料烃消耗高、操作复杂，所以只有在气态烃比较丰富的地方，有些工厂可采用此法。

连续转化法又根据供热方式不同，分为部分氧化法和蒸汽转化法。部分氧化法是把富氧空气、天然气和水蒸气一起通入装有催化剂的转化炉中，在燃烧炉中同时进行燃烧和转化反应。此法的优点是能连续制气，且操作稳定，但需另设制氧设备；蒸汽转化法（又称二段转化法）分阶段进行，先在一段装有催化剂的转化炉管内蒸气与气态烃进行吸热的转化反应（所需热量由管外提供）。气态烃转化到一定程度后，再送入装有催化剂的二段转化炉，加入适量空气使气态烃进一步转化达到合成氨所需要的原料气组成。此法不用氧，投资省，能耗低，是生产合成氨最经济的方法。

② 轻油转化制气是以轻油为原料制取合成氨原料气的方法，一般是将轻油加热转变为气体，再采用蒸汽转化法，其转化的原理和生产过程与气态烃相同。

（3）**烃类蒸汽转化的基本原理**　通过实践知道，无论何种烃类与水蒸气的转化都需要经过甲烷转化这一阶段，因此烃类蒸气转化就以甲烷蒸气转化代表。其转化的基本原理如下：

主反应：$CH_4 + H_2O \Longrightarrow CO + 3H_2 - 206.4kJ$

$$CH_4 + 2H_2O \rightleftharpoons CO_2 + 4H_2 - 165.4kJ$$
$$CO + H_2O \rightleftharpoons CO_2 + H_2 + 41kJ$$

副反应：
$$CH_4 \rightleftharpoons C + 2H_2 - 74kJ$$
$$2CO \rightleftharpoons CO_2 + C + 172.5kJ$$
$$CO + H_2 \rightleftharpoons C + H_2O + 131.5kJ$$

在压力不太高的条件下，化学反应的平衡常数随温度的变化，平衡常数随着温度的升高而急剧增大，即温度越高，其平衡时一氧化碳和氢的含量愈高，甲烷的残余量愈少。平衡常数则随着温度的升高而减小，即温度越高，其平衡时二氧化碳和氢的含量愈少。因此，甲烷蒸气转化反应与一氧化碳的变换反应是不能在同一工序中完成，生产中必须先在转化炉内使甲烷在较高温度下完全转化，生成一氧化碳和氢，然后在变换炉内使一氧化碳在较低温度下变换为二氧化碳和氢气。

(4) 影响烃类蒸气转化的工艺条件

① 压力 由于转化反应为体积增加反应，因此提高压力对转化反应不利，但提高压力会使反应速率、传热速率和传热系数都有所改善；其次气体压缩后体积缩小，所需设备尺寸可减小，减小了设备投资，提高了热回收率，所以在工业生产中常采用加压操作，选择适宜的压力，目前生产中转化操作压力一般为 1.4～4MPa，需要注意的是加压操作需要采用提高转化温度和水碳比来弥补提高压力对转化反应平衡的不利影响。

② 温度 甲烷转化反应为可逆吸热反应，提高温度对转化反应的化学平衡和反应速率都有利，但温度过高会缩短设备的使用寿命，所以在加压的情况下，一段炉出口温度控制在 800℃左右，二段炉出口温度控制在 1000℃左右。

③ 水碳比 水碳比（H_2O/C）是原料的组成因素，是操作变量中最容易改变的一个。提高进入转化系统的水碳比，不仅有利于降低转化后气体中的甲烷含量，也有利于提高反应速率，更重要的是有利于防止析碳。但水碳比过高，会使一段转化炉蒸汽用量增加，系统阻力增大，能耗增加，同时会使二段转化炉的工艺空气量加大，还将增加后系统蒸汽冷凝的负荷。因此水碳比的选择应综合考虑。在生产中水碳比一般控制在 3.5～4。

④ 空间速度 空间速度简称"空速"，一般是指每立方米催化剂每小时通过原料气的标准立方数，单位是 $m^3/(m^3 \cdot h)$，也可写成 h^{-1}。工业生产中空速的选择受多方面因素制约，不同的转化催化剂所允许采用的空速不同，改变催化剂外形，改善供热条件均可提高空速。提高空速，单位时间内所处理的气量增加，因而提高了设备的生产能力，同时有利于传热，降低了转化管外壁温度，可延长转化管寿命。但空速过高，不仅增加了系统阻力，而且气体与催化剂接触时间短，转化反应不完全，转化气中甲烷的残余量将增加。目前工业转化炉采用的空速（甲烷计）范围一般为 800～1800h^{-1}。

⑤ 催化剂 烃类转化反应是吸热的可逆反应，高温对化学平衡和反应速率都有利，但即使温度在 1000℃时，其反应速率还是很慢。因此，需用催化剂来加快反应的进行。目前工业上使用的催化剂主要是镍催化剂，其活性组分主要是含 4%～30% 的镍，制备时以氧化镍（NiO）的形式存在；还包括载体有氧化铝、氧化镁、氧化钙等；其次还包括助催化剂，又称促进剂，助催化剂为铝、铬、镁、钛、钙等金属的氧化物。

其次还应注意，镍催化剂在使用过程中应注意催化剂的还原与钝化，氧化镍对反应本身没有活性，使用前需还原成具有催化活性的金属镍，经过还原后的镍催化剂，遇到空气急剧氧化，放出的热量能使催化剂失去活性，甚至熔化。因此在卸出催化剂之前，应先缓慢降温，然后通入蒸汽或蒸汽加空气使催化剂表面形成一层保护膜，这一过程称为钝化。钝化后的催化剂遇空气后不会发生氧化反应。

（5）工艺流程　烃类转化制取合成氨原料气，目前采用的有美国凯洛格（Kellogg）法、丹麦托普索（Topse）法、英国帝国化学工业公司（ICI）法等。除一段转化炉及烧嘴结构各具特点外，在工艺流程上大同小异，都包括一、二段转化炉、原料预热和余热回收与利用等。图 5-13 为日产 1000t 氨的两段转化的凯洛格传统工艺流程。

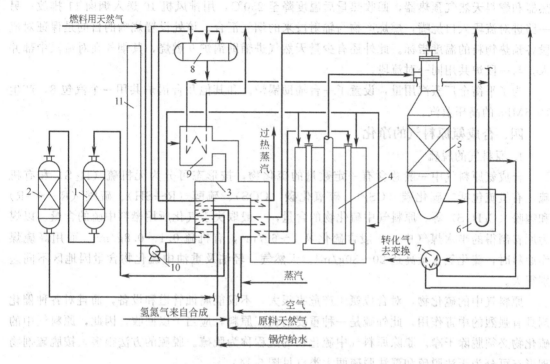

图 5-13　天然气蒸汽转化工艺流程

1—钴钼加氢反应器；2—氧化锌脱硫槽；3——对流段（一段炉）；4——辐射段

（一段炉）；5—二段转化炉；6—第一废热锅炉；7—第二废热锅炉；8—汽包；

9—辅助锅炉；10—排风机；11—烟囱

原料气经压缩机加压到 4.15MPa 后，配入 3.5%～5.5%的氢气，在一段转化炉对流段 3 的管盘中被加热至 400℃，进入钴钼加氢反应器 1 进行加氢反应。将有机硫转化为硫化氢，然后进入氧化锌脱硫槽 2，脱除硫化氢。出口气体中硫化氢的体积分数低于 $0.5×10^{-6}$，压力为 3.65MPa，温度为 380℃左右，然后配入中压蒸汽，达到水碳比约 3.5，进入对流段盘管加热到 500～520℃，送到辐射段 4 顶部原料气总管，再分配进入各转化管。气体自上而下流经催化床，一边吸热一边反应，离开转化管的转化气温度为 800～820℃，压力为 3.14MPa，甲烷含量为 9.5%，汇合于集气管，再沿着集气管中间的上升管上升，继续吸收热量，使温度达到 850～860℃，经输气总管送往二段转化炉 5。

工艺空气经压缩机加压到 3.34～3.55MPa，配入少量水蒸气进入对流段工艺空气加热盘管预热到 450℃左右，进入二段炉顶部与一段转化气汇合，在顶部燃烧区燃烧，温度升到 1200℃左右，再通过催化剂床层反应。离开二段炉的气体温度约为 1000℃，压力为 3.04MPa，残余甲烷含量为 0.3%左右。

为了回收转化气的高温热量，二段转换气通过两台并联的第一废热锅炉 6 后，接着又进入第二废热锅炉 7，这三台废热锅炉都产生高压水蒸气。从第二废热锅炉出来的气体温度约 370℃，送往变换工段。

燃料天然气在对流段预热到 190℃，与氨合成弛放气混合，然后分为两路，一路进入辐射段顶部烧嘴燃烧，为转化反应提供热量，出辐射段的烟气温度为 1005℃ 左右，再进入对流段，依次通过混合气预热器、空气预热器、蒸汽过热器、原料天然气预热器、锅炉给水预热器和燃料天然气预热器，回收热量后温度降至 250℃，用排风机 10 送入烟囱 11 排放。另一路进对流段入口烧嘴，燃烧产物与辐射段来的烟气汇合。该处设置烧嘴的目的是保证对流段各预热物料的温度指标。此外还有少量天然气进辅助锅炉 9 燃烧，其烟气在对流段中部并入，与一段炉共用同一对流段。

为了平衡全厂蒸汽用量，设置了一台辅助锅炉。和其他几台锅炉共用一个汽包 8，产生 10.5MPa 的高压蒸汽。

四、合成氨原料气的净化

1. 原料气的脱硫

合成氨原料气中一般总含有一定数量的硫化物，按形态可分为无机硫（H_2S）和有机硫。有机硫包括二硫化碳（CS_2）、硫氧化碳（COS）、硫醇（R—SH）、硫醚（R—S—R）和噻吩（C_4H_4S）等。原料气中硫化物的含量，一般取决于气化所用燃料中硫的含量。以煤为原料制得的半水煤气中，一般含硫化氢 $1\sim6g/m^3$，有机硫 $0.1\sim0.8g/m^3$。而用高硫煤作原料时，硫化氢含量高达 $20\sim30g/m^3$。天然气、轻油及重油中硫化物含量因地区不同差别很大。

原料气中的硫化物，对合成氨生产危害很大，不仅能腐蚀管道和设备，而且对各种催化剂具有强烈的中毒作用，此外硫是一种重要的化工原料，应当予以回收。因此，原料气中的硫化物必须脱除干净。脱除原料气中硫化物的过程称为脱硫。脱硫的方法很多，按脱硫剂物理形态可分为干法脱硫和湿法脱硫两大类（见图 5-14）。

2. 一氧化碳变换

半水煤气或其他原料气中含有大量的一氧化碳，由于一氧化碳不是合成氨的原料气，且能使合成氨催化剂中毒，因此，在送往合成工序之前，必须将一氧化碳脱除。其方法就是利用一氧化碳与水蒸气反应生成二氧化碳和氢，将大部分一氧化碳除去，这一过程称为一氧化碳变换，反应后的气体称为变换气。经变换反应即能把一氧化碳变为易于除去的二氧化碳，同时又能制得等体积的氢气，因此一氧化碳变换既是原料气的净化，又是原料气的制造的继续。

工业上，一氧化碳变换反应均在催化剂存在的条件下进行。根据所使用催化剂活性温度的高低，又可分为中温变换（或高温变换）和低温变换。中温变换催化剂是以 Fe_3O_4 为主，反应温度为 $350\sim550℃$，变换后气体中仍含有 3% 左右的一氧化碳。低温变换是以铜或硫化钴-硫化钼为催化剂主体，操作稳定为 $180\sim280℃$，出口气中残余一氧化碳可降至 0.3%。近年来，随着高活性耐硫变换催化剂的开发和使用，变换工艺发生了较大变化，从过去单一的中温变换、中低温变换，发展到目前的中变串低变、全低低、中低低变换等多种新工艺。

3. 原料气中二氧化碳的脱除

无论是以固体燃料还是以烃类为原料制得的原料气中，经 CO 变换以后还含有 18%～35% 的 CO_2，CO_2 的存在不仅能使氨合成催化剂中毒，还给精制工序带来困难，因此，在

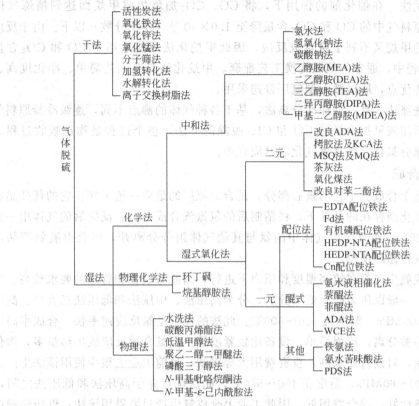

图 5-14　部分脱硫方法及分类

入合成系统之前必须将 CO_2 气体清除干净，而 CO_2 又是制造尿素、干冰、碳酸氢铵和纯碱等的原料，所以必须加以回收利用。脱除气体中 CO_2 的过程简称脱碳。脱碳的方法很多，大部分为溶液吸收法。根据所用吸收剂性质的不同，可分为物理吸收法、化学吸收法和物理化学吸收法三大类。

物理吸收法是利用 CO_2 能溶解于水或有机溶剂的特性进行操作的。常用的方法有：加压水洗法、低温甲醇法、碳酸丙烯酯法、聚乙二醇二甲醚法（NHD）等。

化学吸收法是利用碳酸钾、有机胺和氨水等碱性溶液作为吸收剂，实际上属于酸碱中和反应的操作。常用的方法有：氨水法、改良热甲碱法（如本菲尔特法）等。

物理化学吸收法兼有物理吸收和化学吸收的特点，常用的方法有：甲基二乙醇胺法（MDEA）、环丁砜法，此法国内应用较少。

4. 原料气的精制

经一氧化碳变换和二氧化碳脱除后的原料气中仍含有少量的 CO、CO_2，为防止它们对催化剂的毒害作用，在送往合成系统以前必须作最后的净化处理，此净化处理工序就称为原料气的精制（简称精炼）。通常规定最终净化后的原料气中 CO 和 CO_2 的总含量不得超过 1.0×10^{-5}（体积分数）。而原料气的精制方法一般有三种：铜氨液洗涤法、甲烷化法和液氮洗涤法。

（1）铜氨液洗涤法　采用铜盐的氨溶液在高温高压下吸收 CO、CO_2、H_2S、O_2，然后在减压和加热条件下进行再生。此法简称为"铜洗"，铜盐氨溶液简称"铜液"。精制后的气体称为"铜洗气"或"精炼气"本法常用于以煤为原料间歇制气的中、小型氨厂。

（2）甲烷化法　在催化剂的作用下，将 CO、CO_2 加氢生成甲烷而达到精炼气体的方法。此法可将原料气中的 CO 和 CO_2 含量降至 1.0×10^{-5}（体积分数）以下。由于反应要消耗氢气，生成的甲烷又不利于氨合成反应，因此甲烷化法只能适用于 CO 和 CO_2 含量低于 0.5％的工艺过程中，通常与低温变换工艺配套。甲烷化法具有工艺简单、净化度高、操作方便、费用低等优点，所以被大型氨厂普遍采用。

（3）液氮洗涤法　是一种深冷分离法，基于各种气体的沸点不同，逐级冷凝原料气中高沸点组分，然后用液氮把少量的 CO 和 CH_4 脱除的方法。整个过程是物理吸收过程。此法主要用于重油部分氧化、煤富氧气化制氨流程中。

五、氨的合成

氨合成是整个合成氨工艺的核心部分，是合成氨厂的最后一道工序。它的任务是在一定温度、压力及催化剂存在的条件下，将精制后的氢氮气合成为氨。反应后的气体中一般氨含量只有 10％～20％，将反应后气体中的氨与其他气体组分分离开，可获得液氨产品，分离后的其他组分气体循环使用。

目前，合成氨生产都在较高温度和压力下进行，因此对设备和管道的要求较高。工业上合成氨的生产，一般以压力的高低来分类，分为高压法、中压法和低压法三大类。高压法操作压力为 70～100MPa，温度为 500～600℃，此法的优点是氨反应速率快、合成率高，反应后气体中的氨易被分离、流程简单、设备比较紧凑等。但氨合成反应放出热量多，催化剂床层温度不好控制，对设备要求高，投资费用大等因素，目前工业上很少使用该法生产；中压法操作压力在 20～60MPa，温度在 450～550℃，此法优点介于高压法和低压法之间，技术比较成熟，经济性好，综合费用低。因此工业上合成氨生产只要采用该法；低压法操作压力在 10MPa 左右，温度在 350～430℃，此法由于操作压力和温度比较低，故对设备要求低。但因压力较低，合成氨反应速率慢，反应后气体中氨分离困难，其次催化剂对毒物敏感、易中毒，使用寿命短，流程复杂等因素。所以该法在工业生产上应用较少。

1. 氨合成的基本原理

（1）氨合成反应特点　氨合成的化学反应如下：

$$3H_2 + N_2 \Longrightarrow 2NH_3$$

通过反应可知，上述反应是一个可逆、放热、体积缩小的反应，且有催化剂存在条件下才能较快地进行的反应。

（2）反应的化学平衡和反应速率　反应的化学平衡是由于反应是可逆反应，随着反应的进行，当氨生成的速率与分解速率相等时，也就说反应达到了平衡。通过对氨合成反应的特点及化学平衡的分析可知，影响化学平衡的因素主要有以下几方面。

① 温度与压力。从氨合成反应的特点不难看出，降低温度、提高压力，平衡氨含量增加，即有利于氨的生产。

② 氢氮比。当不考虑气体组成对化学平衡的影响时，氢氮比为 3，但在实际生产中氢氮比约小于 3，其值随压力而异，为 2.68～2.90。

③ 惰性气体含量。惰性气体是指反应体系中不参加化学反应的气体组分。氨的合成混合气体中主要是甲烷和氩气。由于惰性气体的存在，降低了氢氮气的有效分压，相当于降低了总压，使平衡氨含量下降，因此生产中应降低合成气中惰性气体的含量。

反应速率是以单位时间内反应物浓度的减少或生成物浓度的增加量来表示的。在工业生产中，不仅要求获得较高的氨含量，同时还要求有较快的反应速率，以便在单位时间内有较多的氢氮气合成为氨。通过对氨合成机理的讨论及本征动力学方程的推导，影响氨合成反应速率的因素主要有以下几方面。

① 压力。提高压力可以加快氨合成的反应速率，其次适当提高混合气体中氮的含量，也可以达到提高氮分压的目的，促进反应速率的加快。

② 温度。氨合成反应为可逆放热反应，与变换反应相似，温度对化学平衡和反应速率的影响是相互矛盾的，因此，氨合成存在着最适宜温度，操作中尽可能使反应温度在接近最适宜温度下进行。

③ 氢氮比。要保持反应速率最大，反应初期的最佳氢氮比为1，随着反应进行，氨含量不断增加，则最佳氢氮比也随之变化，当反应趋于平衡时，最佳氢氮比接近于3。

④ 惰性气体。从前面讨论可知，惰性气体的存在降低了系统总压，使氨合成反应速率降低。因此，降低惰性气体含量，反应速率加快。

⑤ 催化剂。从氨合成反应特点可知，由于催化剂的存在也加快了反应速率，因此选择一种合适的氨合成催化剂也尤为重要。

2. 氨合成催化剂

近几十年来，合成氨工业的迅速发展，在很大程度上是由于所使用催化剂的改进而取得的。在合成氨生产中，很多工艺指标和操作条件都是由催化剂的性质决定的，可见催化剂在合成氨生产中的重要性。经过长期对合成氨催化剂的研究，目前，大多数合成氨厂都使用以铁为主体并添加促进剂的铁系催化剂，其具有来源广、价廉、活性好、抗毒能力强和使用寿命长等优点。

(1) 催化剂的组成和作用　目前，大多数铁系催化剂都是用经过精选的天然磁铁矿利用熔融法制备的，其活性组分为金属铁，为还原的铁系催化剂，活性组分为 FeO 和 Fe_2O_3，其中 FeO 占 24%～38%（质量分数），Fe^{2+}/Fe^{3+} 约为 0.5%（质量分数），此成分相当于 Fe_3O_4，具有尖晶石结构。作为促进剂的成分有 Al_2O_3、K_2O、MgO、CaO、SiO_2 等。

氨合成催化剂的促进剂可分为结构型和电子型两类。在催化剂中，通过改善催化剂的结构而呈现促进作用的，称为结构型促进剂，如 Al_2O_3、MgO。其次，可以使金属电子的逸出功降低，有利于氮的活性吸附，从而提高催化剂活性，属于电子型促进剂，如 K_2O、CaO。

通常制得的催化剂为黑色、有金属光泽、外形不规则的固体颗粒。在空气中易受潮，引起可溶性钾盐析出，使活性下降。目前，国产 A 系列氨合成催化剂已达到国内外同类产品的先进水平，并且已制出球形氨合成催化剂，填充床阻力较不规则颗粒低 30%～50%。

(2) 催化剂的还原与使用　氨合成催化剂活性的好坏，直接影响合成氨的生产能力和能耗的高低，而催化剂的活性不仅与化学组成有关，在很大程度上还与制备方法和还原条件有关。作为氨合成催化剂的主要活性组分，主要是 FeO 和 Fe_2O_3，必须经过还原后才有活性，使铁的氧化物转变为 α-Fe 微晶。其还原反应式如下：

$$Fe_3O_4 + 4H_2 \Longrightarrow 3Fe + 4H_2O$$

可以看出，还原过程是吸热，所以工业上一般用电加热器或加热炉提供热，在还原后期可由上层已还原好的催化剂在氨合成时放出的反应热来提供。确定还原条件的原则：一方面要使 Fe_3O_4 充分还原为 α-Fe 微晶；另一方面是还原生成的 α-Fe 微晶不因重结晶而长大，以确保催化剂具有最大比表面积和更多活性中心。为此，生产上应选取适宜的还原温度、压力、空速和还原气组成。

催化剂在使用过程中，由于长期处于高温下，发生细晶长大、毒物的毒害、机械杂质覆盖、减小比表面等导致催化剂的中毒和衰老，使活性不断下降，催化剂的中毒和衰老是不可避免的，但是选择耐热性能较好的催化剂，改善气体质量和稳定操作、维护保养得当，能延长催化剂的使用寿命，一般可使用数年仍能保持相当高的催化活性。造成催化剂中毒的物质主要有：氧和含氧化合物（O_2、CO、CO_2、H_2O 等）、硫及硫化合物（H_2S、SO_2 等）、磷及磷化合物（PH_3 等）、砷及砷化合物（AsH_3 等）以及润滑油、铜氨液等。为此原料气在送往合成工序之前必须严格脱除各种毒物。一般要求（$CO+CO_2$）$\leqslant 1 \times 10^{-5}$（体积分数）[小型氨厂$<2.5 \times 10^{-5}$（体积分数）]。

3. 氨合成工艺流程及主要设备

在工业生产上，由于各厂家所采用的温度、压力、催化剂、设备、操作条件各不相同，所以工艺流程都有一些差别，但实现氨合成过程的基本工艺步骤是相同的。其基本步骤如下。

（1）气体的压缩和除油　为了将新鲜原料气（精制气或氢氮混合气）和循环气压缩到氨合成所需要的操作压力，需要在流程中设置压缩机。当使用往复式压缩机时，由于压缩过程在高温条件下，部分润滑油被气化随气体带走，如不加以去除，一方面会使氨合成催化剂中毒，另一方面气化气体中的润滑油附着在热交换器壁上，降低传热效率。而除油的方法是在压缩机每段出口处设置油分离器，并在氨合成系统中设置滤油器进一步清除油。若采用离心式压缩机或无油润滑的往复式压缩机，可以取消油分离装置，使生产流程得以简化。

（2）气体的预热和合成　压缩后的氢氮混合气需要加热到催化剂的起始活性温度，才能送入催化剂层进行氨合成反应。在正常操作情况下，加热气体的热源主要来自氨合成时放出的反应热，即在换热器中，利用反应后的高温气体预热反应前温度较低的氢氮混合气，在开工或反应不能维持合成塔自热平衡时，可以利用塔内电加热器或塔外加热炉供给热量。

（3）氨的分离　进入氨合成塔催化剂层的氢氮混合气，只有少部分反应生成氨，所以从合成塔出来的混合气体中氨含量一般为 10%～20%，需经过分离才能得到产品液氨。氨分离的方法有水吸收法和冷凝法两种，目前工业生产中主要采用冷凝法。

水吸收法是利用水吸收合成塔出口气体中的氨。由于高压下氨在水中的溶解度较大，因而氨的分离较完全。但分离后的氢氮混合气中含有少量的水蒸气，为防止催化剂中毒，需经过蒸馏及气氨分离等步骤后，才能获得液氨。

冷凝法是利用氨气在低温、高压条件下易于液化的原理进行分离的方法。该法首先是冷却混合气，使气氨冷凝成液氨，再经气-液分离设备从不凝气中分离出液氨。当压力越高，混合气中的氨越易冷凝；当温度越低，冷凝下来的氨越多，冷凝分离后的气体中氨的浓度越低，氨从气体中分离也越完全，对以后氨的合成有利。

目前，工业上在冷凝合成氨气体过程中，以水和液氨作冷却剂，因此，在流程中设置水冷器、氨冷器，在水冷器、氨冷器之后设置氨分离器，把冷凝下来的液氨从气相中分离出来，经减压后送至液氨贮槽。在氨冷凝过程中，部分氢氮气和惰性气体溶解在液氨中，当液氨在贮槽内减压后，溶解于液氨中的气体组分大部分被释放出来，同时，由于减压作用部分液氨气化，这种混合气工业上称为"贮槽气"或"弛放气"。

（4）未反应氢氮气的循环　从合成塔出来的混合气体，经氨分离后，还含有大量未反应的氢氮气。为了回收这部分气体，工业上常采用循环法合成氨，即未反应的氢氮气，经分离氨后与新鲜原料气汇合后重新进入氨合成塔进行反应。

（5）惰性气体的排放　虽然制取合成氨原料气所采用的原料及净化方法不尽相同，但是新鲜原料气中通常含有一定数量的惰性气体，主要是甲烷和氩气，而采用循环法合成氨时，惰性气体除少部分溶解于液氨中被带出外，大部分在循环气中积累下来，对氨合成不利。工业生产中，为了保持循环气中惰性气体含量不致过高，常采用间歇或连续放空的办法来降低循环气中惰性气体的含量。在工艺流程中，由于各部位惰性气体含量的不同，所以放空位置应选择在惰性气体含量最大，而氨含量最小的地方，这样氢氮混合气的损失最小，氨损失也最小。放空气中的氢气、氨等可加以回收利用，从而降低原料气的消耗，其余的气体一般可用作燃料。

（6）反应热的回收　氨合成的反应是个放热反应，必须回收利用这部分反应热，对降低整个合成氨能量消耗有很大意义。目前回收热能的方法主要有以下四种。

① 预热反应前的氢氮混合气　在塔设置换热器，用反应后的高温气体预热反应前的氢氮混合气，使其达到催化剂的活性温度。这种方法简单，但热量回收不完全。

② 加热热水　加热进入铜液再生塔热水，供铜液再生使用；其次加热进入饱和塔热水，供变换使用。

③ 预热锅炉给水　生产高压蒸汽，供汽轮机使用。

④ 副产蒸汽　按副产蒸汽锅炉安装位置的不同，可分为塔内副产蒸汽合成塔（内置式）和塔外副产蒸汽合成塔（外置式）两类。

至于采用哪一种回收热能方式，取决于全厂供热平衡设计。

氨合成工艺流程　由于压缩机型式、操作压力、氨分离的冷凝级数、热能回收形式以及各部分相对位置的差异，氨合成工艺流程也不相同。虽然氨合成工艺流程不尽相同，但其基本步骤是相同的。在工业设计中，关键在于合理组合各个步骤。重点是合理地确定循环压缩机、新鲜原料气的补入以及惰性气体放空的位置、氨分离的冷凝级数（冷凝法）、冷热交换器的安装和热能回收的方式等。

传统氨合成工艺流程大都采用注油润滑往复式压缩机，操作压力为32MPa左右，设置水冷器、氨冷器两次冷却合成氨后的气体及两次分离产品液氨。图5-15所示为传统中压法氨合成工艺流程。

由压缩工序送来的新鲜氢氮混合气压力约为32MPa，温度为30～50℃，先进入油分离器1与循环机7来的循环气在此汇合，除去气体中的油、水等杂质。从油分离器1出来的气体，温度为30～50℃，进入冷凝器2上部的热交换器管内，在此处被从冷凝器2下部氨分离器上升的冷气体冷却到10～20℃，然后进入氨冷器3。在氨冷器3内，气体在高压管内流动，液氨在管外蒸发，由于蒸发吸收了热量，气体进一步被冷却到0～-8℃，使气体中的气氨进一步冷凝成液氨。从氨冷器3出来的带有液氨的循环气，进入冷交换器2下部的氨分离器分离出液氨后，上升到冷交换器2上部热交换器管间，被管内的气体加热至25～30℃，然后分两路进入氨合成塔4，一路经主阀由塔顶进入，另一路经副阀从塔底进入，用于调节催化剂床层的温度，进氨合成塔4的循环气中，含氨量为3.2%～3.8%。

自氨合成塔4底部出来的气体，温度在230℃以下，氨含量为13%～17%，经水冷器5被冷却至25～50℃，使气氨初步液化成液氨，再进入氨分离器6分离出液氨。为了降低系统中惰性气体的含量，在氨分离器6后设有气体放空管，定期排放一部分气体。出氨分离器6的气体，经循环机7补偿系统压力损失后，再进入油分离器1，又开始下一个循环，进行连续生产。氨分离器6和冷交换器2下部分离出来的液氨，减压后由液氨总管输送至液氨

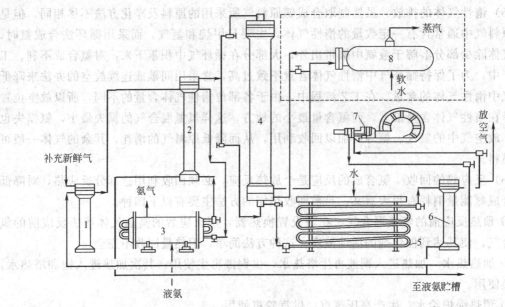

图 5-15　中小型氨厂合成系统常用流程

1—油分离器；2—冷凝塔；3—氨冷器；4—氨合成塔；5—水冷器；
6—氨分离器；7—循环机；8—副产蒸汽锅炉

贮槽。

　　该流程有以下三方面的特点：第一，放空位置设在氨分离器之后，新鲜气加入之前，气体中氨含量较低，而惰性气体含量较高，因此可以减少氨损失和氢氮气消耗；第二，循环机位于第一、二次氨分离之间，循环气温度较低，有利于气体的压缩，降低循环机功耗；第三，新鲜气在油分离器中加入，在第二次氨分离时，可以利用冷凝下来的液氨除去油、水分和二氧化碳，达到进一步净化的目的。

　　随着氨合成生产技术的不断发展、进步，氨合成工艺流程也作了一些改进，如采用无油润滑的往复式压缩机或离心式压缩机并取消滤油器，采用副产蒸汽的氨合成塔等。

　　目前我国大型合成氨厂普遍采用凯洛格氨合成工艺流程。该流程采用蒸汽透平驱动带循环段的离心式压缩机，所以气体不受油雾的污染，但新鲜气中尚含有微量的二氧化碳和水蒸气，需经氨冷最终净化。图 5-16 所示为凯洛格氨合成工艺流程。

　　从甲烷工序来的新鲜原料气温度在 38℃ 左右，压力为 2.5MPa 左右，进入离心式压缩机 15 第一段压缩至 6.5MPa，然后经甲烷化换热器 1、水冷却器 2 及氨冷却器 3 逐步冷却到 8℃，最后由冷凝液分离器 4 除去水分。除去水分后的气体进入压缩机第二段继续压缩，并与循环气在压缩机缸内混合，压缩至 15.5MPa、温度为 69℃ 左右，经水冷却器 5 使气体温度降到 38℃ 左右，然后分两路继续冷却、冷凝。一路约 50% 的气体经过两级串联的氨冷却器 6 和 7，一级氨冷却器 6 中液氨在 13℃ 左右蒸发，将气体冷却至 22℃，二级氨冷却器 7 中液氨在 −7℃ 下蒸发，将气体进一步冷却到 1℃ 左右；另一路气体与来自高压氨分离器 12 的 −13℃ 的气体在冷热交换器 9 中换热，温度降至 −9℃ 左右，而冷气体升温至 24℃ 左右。两路气体混合后温度为 −4℃ 左右，再经过第三级氨冷却器 8，利用在 −33℃ 下液氨的蒸发，将气体进一步冷却到 −23℃ 左右，气氨大部分冷凝下来，然后送往高压氨分离器 12 与气体分离。由高压氨分离器 12 出来的气体含氨 2% 左右、温度约 −23℃，经冷热交换器 9 和塔

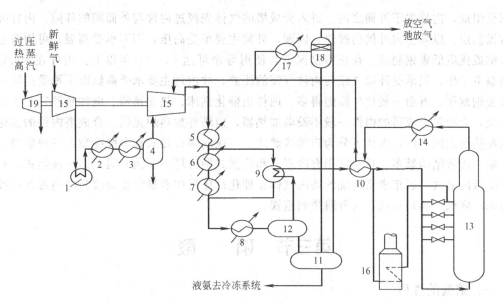

图 5-16 凯洛格氨合成工艺流程

1—甲烷化换热器；2,5—水冷却器；3,6～8—氨冷却器；
4—冷凝液分离器；9—冷热交换器；10—塔前换热器；11—低压氨分离器；
12—高压氨分离器；13—氨合成塔；14—锅炉给水预热器；15—离心压缩机；
16—开工加热炉；17—放空气氨冷却器；18—放空气分离器；19—汽轮机

前换热器 10 预热到 141℃ 左右，进入冷激式氨合成塔 13 进行氨的合成反应。从合成塔出来的气体中氨含量为 12％ 左右，温度为 284℃ 左右，进入锅炉给水预热器 14，然后经塔前换热器 10 与进塔气体换热，被冷却到 43℃ 左右，从塔前换热器 10 出来的气体，绝大部分气体回到压缩机高压段（也称循环段），与新鲜气在缸内混合，完成了整个循环过程，小部分气体在放空气氨冷却器 17 中被液氨冷却，经放空气分离器 18 分离液氨后去氢气回收系统。

高压氨分离器 12 中的液氨再经低压氨分离器 11 后进入冷冻系统；弛放气与回收氨气后的放空气一并用作燃料。

该流程要有以下几方面的特点：第一，采用汽轮驱动的离心式压缩机，气体不受油雾的污染；第二，设锅炉给水预热器，回收氨合成的反应热，用于加热锅炉给水，热量回收较好；第三，采用三级氨冷，逐级将气体温度降至 −23℃；第四，放空管设在压缩机循环段之前，此处惰性气体含量最高，氨含量也最高，由于回收放空气中的氨，故氨损失不大。第五，氨冷凝设在压缩机循环段之后进行，可以进一步清除气体中夹带的密封油、二氧化碳等杂质，但缺点是循环功消耗大。

氨合成的主要设备 氨合成的主要设备有合成塔、氨冷器、冷热交换器、氨分离器与循环压缩机等。这里主要介绍氨合成塔，它是整个合成氨生产工艺中最主要的设备，氨合成的效率和产量，完全取决于合成塔的结构是否合理，是否满足氨合成反应的要求等。由于氨合成是在高温、高压及催化剂存在的条件下进行的，而氢、氮对碳钢有明显的腐蚀作用。氢溶解于金属晶格中，使钢材在缓慢变形时发生脆性破坏，称之为"氢脆"；氢渗透到钢材内部，使碳化物分解并生成甲烷，导致应力集中，使钢材出现裂纹，称之为"氢腐"；其次在高温、高压下，氮与钢中的铁及其他很多合金元素生成硬而脆的氮化物，导致金属机械性能降低。

为了适应氨合成反应条件，合理解决高温和高压的矛盾，氨合成塔通常都由内件与外筒两部分组成，内件置于外筒之内。进入合成塔的气体先经过内件与外筒间的环隙，内件外面设有保温层，以减少向外筒的散热。因而，外筒主要承受高压，而不承受高温，可用普通低合金钢或优质低碳钢制成。在正常情况下，使用寿命可达 40～50 年以上。内件在 500℃ 左右高温下工作，只承受环隙气流与内件气流的压差，故内件主要承受高温而不承受高压，可用合金钢制作，寿命一般比外筒短得多。内件由催化剂床、热交换器、电加热器三个主要部分构成，大型氨合成塔的内件一般不设电加热器，由塔外加热炉提供。合成塔内件的催化剂床因换热形式的不同，大致可分为连续换热式、多段间接换热式和多段冷激式三种塔型。

氨合成塔结构繁多，目前常用有冷管式和冷激式两种塔型。前者属于连续换热式，后者属于多段冷激式。近年来将传统的塔内气体在催化剂床层中沿轴向流动改为径向流动以减小压力降，降低了循环功耗，而普遍受到重视。

第三节 硝　　酸

一、硝酸的性质

1. 物理性质

纯硝酸（100％HNO_3）是无色液体，带有刺激的窒息性气味，相对密度 1.522，沸点为 83.4℃。

无水硝酸极不稳定，一旦受热见光就会分解出二氧化氮（红棕色），而溶于硝酸中，故工业用的硝酸多呈黄色。溶有大量二氧化氮的无水硝酸呈红棕色，叫做发烟硝酸。硝酸能以任意比例与水混合，溶于水时放出热量，工业硝酸以硝酸量多少可分为浓硝酸（96％～98％）和稀硝酸（45％～70％）。

2. 化学性质

硝酸是强酸之一，有很强的氧化性。除金、铂及某些稀有金属外，各种金属都能与稀硝酸作用生成硝酸盐。由浓硝酸与盐酸 1＋3（体积比）混合形成的"王水"能溶解金和铂。

其次，硝酸具有强烈的硝化作用，与硫酸制成的混酸能与很多有机化合物结合成硝化物。

3. 硝酸的用途

硝酸是化学工业重要的产品之一，产量在各类酸中仅次于硫酸。主要用于制造肥料，如硝酸铵、硝酸钾等。用硝酸分解磷灰石可制得高浓度的氮磷复合肥。

浓硝酸主要用于国防工业，是生产三硝基甲苯（TNT）、硝化纤维、硝化甘油等的主要原料。此外，硝酸还用于印染、医药、有色金属冶炼及原子能工业等。

二、稀硝酸的生产

1. 氨的接触氧化

氨的接触氧化主要是氨与空气中的氧相互作用生成不同的产物，由于催化剂和反应条件不同，产物也不同。其化学反应如下：

$$4NH_3 + 5O_2 \Longrightarrow 4NO + 6H_2O$$

$$4NH_3 + 4O_2 \Longrightarrow 2N_2O + 6H_2O$$

$$4NH_3 + 3O_2 \Longrightarrow 2N_2 + 6H_2O$$

除此之外，还可能发生以下副反应：

$$2NH_3 \Longrightarrow N_2 + 3H_2$$

$$2NO \rightleftharpoons N_2 + O_2$$

$$4NH_3 + 6NO \rightleftharpoons 5N_2 + 6H_2O$$

目前，氨氧化用催化剂有两大类，一类是以金属铂为主体的铂系催化剂，另一类是以其他金属（铁、钴）为主体的非铂系催化剂。由于非铂系催化剂在技术和经济上的原因，在工业上未能大规模应用，使用以铂系催化剂为主要。其次，氨的催化氧化除了与催化剂有关，还与氨与空气的比例、温度、压力及接触时间等因素有关。

2. 一氧化氮的氧化

氨氧化后气体中主要含有一氧化氮、氧、氮及水，一氧化氮只有在氧化为二氧化氮后，才能被水吸收，制得硝酸。其反应如下：

$$2NO + O_2 \rightleftharpoons 2NO_2 \qquad \Delta H^{\ominus}_{298} = -112.6kJ$$

$$NO + NO_2 \rightleftharpoons N_2O_3 \qquad \Delta H^{\ominus}_{298} = -40.2kJ$$

$$2NO_2 \rightleftharpoons N_2O_4 \qquad \Delta H^{\ominus}_{298} = -56.9kJ$$

以上三个反应均为放热和体积减小的可逆反应，提高压力、降低温度有利于平衡右移，即有利于一氧化氮氧化反应的进行。三个反应，最慢是整个氧化过程的控制步骤。为了加快一氧化氮氧化速率，提高氧化度，必须了解该反应的热力学和动力学。要使一氧化氮氧化为二氧化氮的反应速率快，转化率高，从以上反应可知，应尽量在低温、高压或过量氧的条件下进行。

实践证明，一氧化氮的反应速率随着温度的降低而升高，其他条件一定时，增加压力，可加快反应速率。但温度过低、压力过高也不利于吸收，温度过低，由于气体中含有水蒸气会部分冷凝，会使部分氮氧化物溶解在水中形成冷凝酸，不利于吸收操作；其次压力过高，不仅会增加能耗，而且设备要求也高。

3. 氮氧化物的吸收

（1）吸收原理　用水吸收氮氧化物的总反应式可概括如下：

$$3NO_2 + H_2O \rightleftharpoons 2NHO_3 + NO$$

从上式可见，用水吸收 NO_2 时，只有 2/3 二氧化氮转化为 HNO_3，而 1/3 的 NO_2 转化为 NO。工业生产中，需将这部分 NO 重新氧化和吸收。由于 NO_2 的吸收和 NO 氧化同时交叉进行，使整个吸收过程比较复杂。

（2）尾气的回收处理　酸吸收后，尾气中仍含有少量的氮氧化物，含量多少取决于操作压力。如果将尾气直接放空，势必造成氮氧化物损失和氨耗增加，不仅提高了生产成本，而且严重污染大气环境。因此，尾气放空前必须严格处理。

国际上对硝酸尾气排放标准日趋严格，一般 NO_x 排放浓度不得大于 2×10^{-4}（质量分数）。为此，对硝酸尾气治理做了大量研究工作，开发了多种治理方法，归纳起来有三类，即溶液吸收法、固体吸收法和催化还原法。溶液吸收法就是利用碱的水溶液吸收氮氧化物。此法简单易行，处理量大，适用于含氮氧化物多的尾气处理；固体吸收法是利用分子筛、硅胶、活性炭和离子交换树脂等固体物质作吸附剂，吸收氮氧化物的方法。此法净化度高，同时又能回收氮氧化物，缺点是吸附容量低，因此工业上未广泛应用；催化还原法的特点是脱除 NO_x 效率高，因此广泛用于硝酸尾气的治理。催化还原法依还原气体的不同，可分为选择性还原和非选择性还原两种方法，前者采用氨作还原剂，以铂为催化剂，后者采用天然气、炼厂气及其他燃料气作还原剂，以钯和铂为催化剂。

三、稀硝酸生产的工艺流程

目前生产硝酸的工艺流程十多种，按操作压力的不同而分为常压法、加压法和综合法三种类型。衡量某一种工艺流程的优劣，主要决定于技术经济指标和投资费用。

从降低氨耗、提高氨利用率角度来看，综合法具有明显的优势，即具有常压法和加压法两者的优点。其特点是氨氧化为常压，吸收为加压。产品酸浓度为47%～53%。采用氧化炉和废热锅炉联合装置，设备紧凑，节省管道，热量损失小。但纸板过滤器易少辉。采用带有透平装置的压缩机，降低电能消耗。采用泡沫筛板吸收塔，吸收效率高达98%。图5-17为综合法生产稀硝酸的典型工艺流程。

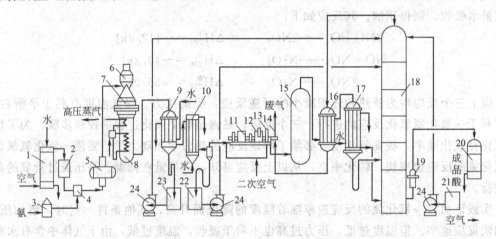

图5-17　综合法制造稀硝酸工艺流程

1—水洗涤塔；2—兜袋过滤器；3—氨气过滤器；4—氨空气混合器；
5—罗茨鼓风机；6—纸板过滤器；7—氧化炉；8—废热锅炉；9—快速冷却器；10—冷却冷凝器；
11—电机；12—减速箱；13—透平压缩机；14—透平膨胀机；15—氧化塔；16—尾气预热器；
17—水冷却器；18—酸吸收塔；19—液面自动调节器；20—漂白塔；21—冷凝液贮槽；
22—25%～30%HNO₃贮槽；23—2%～3%HNO₃贮槽；24—酸泵

原料空气和氨分别经过水洗塔空气过滤器和氨过滤器净化以后，一起进入氨空气混合器，使氨的浓度为10.5%～12%，混合后的氨空气混合气体经纸板过滤器后进入氧化炉。温度为760～800℃的NO气体从氧化炉引出后直接进入废热锅炉回收热量，NO气体被冷却到180℃，然后在快速冷却器中（气体停留时间为0.1～0.2s）被冷却到40℃。随着温度的降低，有少量的NO被氧化后溶于水蒸气冷凝液，因而有浓度为2%～3%的稀硝酸生成，所以应随时用酸泵将其送到吸收塔。出快速冷却器的气体，再通过冷却器用水冷却，进一步降低气体温度和除去水分，有浓度26%～30%的稀硝酸生成，这部分冷凝酸亦用泵送到与稀硝酸浓度相应的吸收塔的塔板上。冷却到30℃的气体通过透平压缩机从常压升到0.34MPa，温度为120～130℃，然后送入一氧化氮氧化塔，使一氧化氮氧化度达70%左右。由于反应放出大量反应热，使气体温度升高到200℃，因此需将气体通过尾气预热和水冷却器加以冷却，再送入吸收塔底部。

生产成品硝酸所用的2%～3%的稀硝酸由塔顶部加入，吸收二氧化氮后生成硝酸，经过漂白塔将溶解在酸中的氮氧化物用空气吹出，然后送入成品酸贮槽。

吸收塔顶出来的尾气，压力为0.255～0.275MPa，经过尾气预热器预热到160～180℃，送入透平膨胀机，膨胀到0.0981MPa，此时要回收30%～35%能量，最后排入大气。

习　题

1. 试述硫铁矿沸腾焙烧的基本原理。
2. 硫铁矿焙烧炉气中含有哪些杂质？其危害是什么？
3. 试述二氧化硫炉气净化的目的和意义。
4. 炉气干燥的目的是什么？
5. 氨的用途有哪些？
6. 合成氨生产原料有哪些？其生产工艺包括哪几部分，作用是什么？
7. 工业煤气有哪些？主要成分是什么？合成氨原料气如何选择？
8. 合成氨原料气为什么要脱硫？脱硫的方法可分为哪几类？
9. 氨合成反应的特点有哪些？如何提高平衡氨含量？
10. 氨合成过程的基本工艺步骤有哪些？各步骤的作用是什么？
11. 叙述硝酸生产工艺流程。

第六章 石油加工工业

第一节 概 述

一、石油及其加工工业在国民经济中的地位

石油工业在国民经济中占有极其重要的地位，这不仅是由于石油本身是重要的能源，而且石油经过炼制和加工又能制作出千千万万的产品，特别是有机合成，更加离不开石油。橡胶工业、塑料工业、合成纤维工业、纺织工业、印染工业、医药工业、轻工业、电力电子工业、机械工业、交通运输业、船舶工业和航天工业等都广泛使用石油加工产品。因此可以说，现在的工业发展与石油工业的发展关系是非常密切的，是休戚相关的。石油工业目前在国民经济中所占的地位和作用是极其重要的。

二、石油加工有关名词

1. 石油

一种深褐色或者褐色的天然液体燃料。从油井中取得的未经加工的石油叫做"原油"。是多种烃类（烷烃、环烷烃、芳香烃）的复杂混合物，并含有少量的有机硫、氧氮化合物。其平均碳含量为 83%～87%，氢含量为 11%～14%，氧、氮、硫含量占 1%～4%，相对密度 0.75～1。依石油中所含烃类比例的不同，分为蜡基、环烷基和中间基原油三大类；依含硫量多少，又可分为低硫、含硫和高硫原油三大类。

2. 石油化学工业

石油化学工业简称"石油化工"，是以石油天然气为原料生产化工产品的一种重要工业。产品用途很广，种类甚多，主要有三大类。

① 烃类基础原料，如乙烯、丙烯、丁二烯、苯、甲苯、二甲苯、苯和乙炔等，它们是发展石油化工的基础。

② 有机溶剂、基本有机原料和中间体，如乙醇、丙酮等。

③ 三大合成材料——合成纤维、合成橡胶和塑料。此外，以石油烃为原料的合成氨工业，也是石油化工重要的组成部门之一。

3. 天然气

蕴藏在地层内的可燃气体。是甲烷和其他低分子量烷烃的混合气体，并常含有氮、二氧化碳和硫化氢等，有时还含有少量的氦、二氧化碳和硫化氢等，少量的氦主要由有机物质经生物化学作用分解而成。常与石油共生，充塞于岩层孔隙和空洞中，或在地下水中以溶解状态而存在。由钻井开采而得，经导管输送到使用地点。可直接用作燃料，或用作制造炭黑、合成石油各其他有机化合物的原料；有些含氦的天然气也可用以提取氦气。

4. 石油气

石油气亦称"含油天然气"。从油井中伴随石油而逸出的气体。主要成分为甲烷、乙烷等低分子烷烃。可用于提取气体汽油（主要是丙烷、丁烷和戊烷的混合物），其剩余气体常

用作燃料，或经再加工为化工产品。

5. 石油炼制

指将开采出来的石油，加工为各种石油产品和化工原料的过程。原油经脱盐、脱水、蒸馏、重整、裂化、催化、焦化、脱蜡、精制、加氢、调和等加工过程，得到汽油、煤油、柴油、燃料油、各种润滑油、蜡、沥青、石油焦等产品，同时还提供了大量化工原料（如油气、苯类产品、正构烷烃等）。

6. 直馏法

用于石油原油直接蒸馏的方法。将原油先在管式炉中加热，再通入精馏塔内，使其分馏为直馏汽油、煤油、柴油和重油等产品，也可在简单的蒸馏釜内进行。

7. 裂化

石油的化学加工过程。目的在于从重质油品制得较轻的油品（如汽油）。以重质油品为原料，在加热、加压或催化剂的存在下，使其中所含的烃类断裂成为分子量较小的烃类（也有部分分子量较小的缩合成为分子量较大的烃类），再经分馏而得裂化气体、裂化汽油、炼油和残油等产品。按裂化过程中是否应用催化剂或加氢气，可分为热裂化、催化裂化和加氢裂化。

8. 热裂化

石油的化学加工过程之一。在加热和加压下进行。各种石油馏分和残油都可作为原料。有高压热裂化及低压热裂化之分。前者在较低温度（约500℃）和较高压力（20～70atm）下进行；后者则在较高温度（550～770℃）和较低压力下（1～5atm）下进行。产品有裂化气体、裂化汽油、裂化柴油和残油等。

9. 催化裂化

石油的化学加工过程之一。在温度450～550℃及催化剂（如合成硅酸铝或分子筛等）存在下，在固定床或流化床反应器内进行。目前采用"流化床"的催化裂化过程。以粗柴油或重油为原料。产品有裂化气体、高辛烷值汽油以及柴油等。

10. 芳构化

主要指环烷烃或烷烃转变为芳香烃的化学反应。常在加热、加压和催化剂的存在下进行。石油馏分经芳构化，可得高辛烷值的汽油，也可制得苯、甲苯等芳香烃。

11. 异构化

改变有机化合物的结构而不影响其组成和分子量的化学反应。常在催化剂的存在下进行。例如正丁烷转变为异丁烷。在炼油工业中是合成高级汽油的重要步骤之一。

12. 重整

石油较轻馏分的加工过程。常用原油经直接分馏得的汽油或类似的产品为原料。目的在使低辛烷值的油品经轻度热裂化或催化作用转变为高辛烷值的汽油或芳香烃。按照过程进行的条件有热重整和各种催化重整。

13. 辛烷值

辛烷值是一种衡量汽油作为动力燃料时抗爆震性能的指标。规定正庚烷的辛烷值为零，异辛烷值为100，在正庚烷和异辛烷的混合物中，异辛烷的百分率叫做该混合物的辛烷值。各种汽油的辛烷值是把它们在汽油中燃烧时的爆震程度与上述正庚烷与异辛烷的混合物比较而得，并非说汽油就是正庚烷和异辛烷的混合物。辛烷值越高，抗震性能越好，汽油质量就越好。

14. 油品

原油一般不宜直接利用，而经过各种加工方法，将原油按照沸点范围切割成不同的馏分的液体产物，称为油品。

15. 精馏

蒸馏方法之一。用以分馏液体混合物。在具有多层塔板或充满填料的精馏塔中进行，通常可分离为塔顶产品（馏出液）和塔底产品（蒸馏釜残液）两个部分。操作时，将由塔顶蒸汽凝缩而得的部分馏出液，由塔顶回流入塔内，使与从蒸馏釜连续上升的蒸汽在各层塔板上或填料表面上密切接触，不断地进行部分汽化与部分凝缩，其效果相当于多次的简单蒸馏，从而提高各组分的分离程度。广泛应用于石油、化学、冶金、食品等工业。

第二节　石油的化学组成

一、石油的成因

原油又称天然石油。它和人造石油一起总称石油。

原油是从不同深度的地层里开采出来的，在海洋里也可由浅海地层中开采出石油来。

天然石油通常是淡黄到黑色的、流动或半流动的黏稠液体，一般为黑色或红褐色，但也有是半透明的、黄色的或绿色的。有的带有绿色或蓝色的荧光。相对密度一般都小于1，介于0.8～0.98之间。

原油的生成原因说法不一，目前最普遍的说法是：在一些气候温暖、潮湿的内陆湖泊或海边，水中繁殖着各类动植物，特别是水里的浮游生物（如鱼类或甲壳类）十分丰富。这些生物死亡之后，同周围河流带来的泥沙一起沉积在水底。天长日久，沉积物层层加厚，随着地壳的运动、地层的变迁，这许许多多有机的生物遗体被深深埋在岩层里，在隔绝空气的条件下，受地层高温、高压的影响及一些细菌的作用，慢慢变成了石油和天然气。由于生成原油的环境不同，最初形成的石油是油珠，它是分散的，但由于本身物性以及外来的压力，渐渐被挤到组织松软、颗粒较粗的岩石内，这称为石油的移栖。石油移栖后就慢慢地聚集在一起，形成储油层。移栖的压力，常来自地下水，所以当石油停留下来的时候，就由于相对密度的不同而分为气、油、水三层，油之所以没散失，是因为油层的顶上覆盖有紧密的岩石。

二、石油的成分

1. 石油中的元素

石油是一种成分非常复杂的混合物，欲要开展对石油成分的研究，必须从分析其元素组成入手（见表6-1）。由表6-1可以看出，组成石油的元素主要是碳、氢、硫、氮、氧。其中碳的含量占83%～87%，氢含量占11%～14%，两者合计达96%～99%，其余的硫、氮、氧及微量元素总共不过1%～4%。不过，这仅就一般而言，有的石油例如墨西哥石油仅硫元素含量就高达3.6%～5.3%。大多数石油含氮量甚少，约千分之几到万分一几，但也有个别石油如阿尔及利亚石油及美国加利福尼亚石油含氮量可达1.4%～2.2%。

表6-1　世界某些石油的元素组成　　　　　　　　　　　　　单位：%

石油产地	C	H	S	N	O
大庆混合原油	85.74	13.31	0.11	0.15	
大港混合原油	85.67	13.40	0.12	0.23	
胜利原油	86.26	12.20	0.80	0.41	
克拉玛依原油	86.10	13.30	0.04	0.25	0.28
孤岛原油	84.24	11.74	2.20	0.47	
前苏联杜依玛兹	83.90	12.30	2.67	0.33	0.74
墨西哥	84.20	11.40	3.60	0.80	
美国宾夕法尼亚	84.90	13.70	0.50		0.90
伊朗	85.40	13.80	1.06		0.74

除上述五种主要元素外，在石油中还发现有微量的金属元素与其他非金属元素。

在金属元素中最重要的是钒（V）、镍（Ni）、铁（Fe）、铜（Cu）、铅（Pb），此外还发现有钙（Ca）、钛（Ti）、镁（Mg）、钠（Na）、钴（Co）、锌（Zn）等。

在非金属元素中主要是氯（Cl）、硅（Si）、磷（P）、砷（As）等，它们的含量都很少。

从元素组成可以看出，组成石油的化合物主要是烃类。现已确定，石油中的烃类主要是烷烃、环烷烃、芳香烃这三族烃类。至于不饱和烃，在天然石油中一般是不存在的。硫、氮、氧这些元素则以各种含硫、含氧、含氮化合物以及兼含有硫、氮、氧的胶状和沥青状物质的形态存在于石油中，它们统称为非烃类。

2. 石油中的物质

石油是一种成分异常复杂的混合物，从化学组成来看，石油中所含物质可分为两大类，即烃类和非烃类。这两类物质中又有很多类别，每一类别又有一系列的物质同存于石油中。它们在石油馏分中不是截然分开的。因为石油产地不同，这些物质的含量也是不同的，有时甚至差别还很大。在轻质石油中，烃类含量可达 90% 以上，但在重质石油中，烃类含量甚至不满 50%。在同一原油中，也会随着沸程的增设，烃类含量逐渐增加。在最轻的汽油馏分中，非烃类物质含量很少，烃类占绝大部分，即使含硫量很高的原油，其汽油馏分中，烃类含量仍可达 98%～99%。反之，在高沸点的石油馏分及残油中，烃类含量就会少得多。

石油中烃类物质，经分离和测定主要成分为三大类型，即烷烃、环烷烃和芳香烃。其中烷烃主要是化合物通式为 C_nH_{2n+2}，环烷烃主要化合物通式为 C_nH_{2n}。烷烃中 n 在 4 以下者为气态，5～15 者为液态，16 以上者为固态。

石油的非烃类物质中，有很大一类物质是胶状、沥青状物质。它们在石油中的含量都相当可观，我国目前各主要原油中，含有大约百分之十几至百分之四十几的胶质和沥青质。胶状、沥青状物质是石油中结构最复杂、分子量最大的物质。其组成中除了碳、氢外，还含有硫、氧、氮等元素。胶状、沥青状物质又可分为三类，即中性胶质、沥青质和沥青质酸等。

在石油中，环烷烃无论是单环的或是多环的，都是五碳环和六碳环（环戊烷、环己烷），一般含烷烃多者，则含环烷烃就少，反之亦然。在低沸馏分中环烷烃较少，在高沸馏分中则较多，烷烃则与此相反。根据一般含量测定，大多数石油中，烃类物质以环烷烃含量最多。芳香烃在所有石油中组成比较固定，一般含量较多，在馏分中随着馏分的分子量增加而增加。

硫在石油中含量不大，一般小于 1%，以三种形态存在，即溶解的游离硫黄、硫化氢和有机硫化物（占大部分），如硫醇、硫醚、二硫化物、四氢噻吩等。在石油的分解产物中有对热极为稳定的噻吩，但大多数硫化物对热并不稳定，因而在蒸馏和提炼时分解而放出 H_2S 及其他物质。

石油中的氧有 90% 以上处在胶质部分中，处在酸性物质如环烷酸、脂肪酸和酚类中的氧仅有十分之一左右，其中以环烷酸为主要成分。它在馏分中的分布情况，是随馏分的沸点升高而增多的。在大多数情况下，环烷酸或多或少均匀地分布在各个润滑油馏分中。

氮在石油中含量甚微，为十万分之一到千分之一。主要是吡啶和喹啉形态存在，一般结集于高沸点馏分中。对石油产品的性质没有什么重大影响，因此迄今尚未注意到它的回收问题。

此外，还含有灰分约 0.01%～0.05%，这是钙、钠、镁和铁的硅酸盐，以及其他微量化合物（铝、钡、锰、铜、铬等）。

第三节　石油加工的产品及用途

石油加工的任务，是炼制各种石油产品。目前已有 200 多种石油产品，这就足以说明石油用途是非常广泛的。事实上，无论是什么样的发动机、喷气机、机器、机床、转动和压缩设备都离不开石油产品。随着机械工业的发展，对石油产品的质量要求也越来越高。

根据石油馏分沸点范围的不同，一般分为：航空汽油（40～180℃）、车用汽油（40～205℃）、溶剂油（160～200℃）、煤油（200～300℃）、柴油（325℃以下）、机械油（或叫润滑油 270～350℃）、重油（取出 350℃以前的馏分后所剩的残油）。将重油减压或蒸汽蒸馏，便可得到各种润滑油馏物，一般是按黏度大小来截取的，如锭子油、机械油、汽缸油等。重油蒸馏后的残油，视黏度不同称为沥青油或半沥青油。

当前常用的油品牌号如下。

1. 车用汽油

使用于小汽车、摩托车、载重汽车和螺旋桨飞机等，这种类型发动机叫汽化器式发动机或叫点燃式发动机，单位马力金属重量小，发动机比较轻巧。车用汽油的牌号是按照辛烷值的不同而划分的，例如 90 号车用汽油，就是辛烷值等于 90 的汽油。

具体使用中目前有 90 号、93 号、95 号、97 号 4 个牌号等。

2. 灯用煤油

灯油主要用做煤油灯和煤油炉的燃料，也可用来洗涤机器，作医药和油漆用以及作冷冻机燃料，现在国内生产的仅有优级品、一级品及合格品。

3. 轻柴油

我国产轻柴油品种较多，按凝固点和用途分为 10 号、5 号、0 号、－10 号、－20 号、－35 号、－50 号等。

4. 重柴油

重柴油一般是作为转速在 1000r/min 下的中速和低速柴油机的燃料。我国产的重柴油按其凝固点分为 10 号、20 号、30 号等代号。

第四节　原油加工工业

从油井采出来的原油，大多含有水分、盐类结晶和泥沙，要经初步脱除后才能送出。但由于一次脱盐、脱水不易彻底，因此，炼油厂在进行原油蒸馏前，还需要再进行一次脱盐和脱水。

一、原油的预处理

1. 预处理的意义

原油中含有一定量的石油气、水、盐类和泥沙等杂质，这些杂质如不除去，会给石油加工带来很多困难。如石油气易挥发并带走汽油馏分，泥沙在蒸馏时易堵塞管道；水在石油加工时变成蒸汽，吸收热量，消耗燃料，由于水分汽化，还会加大设备的压力；盐类物质大都溶于水内，加工时易形成泡沫，发生暴沸；而某些盐类（如氯化镁）还会发生水解生成氯化氢酸雾，腐蚀设备。所以石油加工前必须进行预处理。

2. 脱盐脱水基本原理

原油能够形成乳化液的主要原因是由于油中含有环烷酸和胶质等"乳化剂"，它们会分散在水滴的表面形成一层保护膜，从而阻止了水滴的聚集。因此，脱水的关键是破坏乳化剂的作用，使油水不能形成乳化液，细小的水滴就可相互集聚成大的颗粒，再经沉淀从油中分出。由于大部分盐溶解在水中，所以脱水的同时也就脱除盐分。

3. 预处理的步骤

先将原油通过油气分离器，使石油气分离，然后再流入沉降池进行沉降静置处理，除去泥沙及一部分水和盐。但有一部分水在盐类的存在和影响下，往往与油形成稳定的乳化液，致使脱水、脱盐发生困难。所以石油在蒸馏前，还需要经过进一步脱水、脱盐处理。

4. 脱水、脱盐处理方法

常用方法有下列两种。

(1) 热化学法 在原油中加入 0.4%～0.5%的破乳剂（常用的高分子脂肪酸钠——如环烷酸钠或磺化植物油的钠盐），再加热到 60℃左右，不断搅拌，然后静置，使液滴与油之间的边界薄膜受热膨胀，以致破坏，从而使水与盐被分离。

(2) 电气法 电气法是将已加热的乳浊油，送入电脱水器中，受以高压（约 35～45kV，电场梯度为 1～2kV/cm）交流电场的影响，在碰撞作用下，边界薄膜更完全地被破坏。这种方法效果更好。

原油在加工前，一般规定含水量不得超过 1%，含盐量不得超过 70～100mg/L。

5. 脱水、脱盐工艺流程

图 6-1 所示为原油电化学脱盐脱水的工艺流程。流程步骤如下：

图 6-1 原油电化学脱盐脱水工艺流程

(1) 加软化水 目的在于溶解原油中的结晶盐，同时也可减弱乳化剂的作用，使乳化液稳定性下降。

(2) 加破乳剂 加软化水后的原油加入破乳剂，然后通过加热炉加热，再进入电脱盐脱水罐。

(3) 电脱盐脱水 电脱盐脱水器是一立式或卧式圆罐，罐内设有特殊的电极，可通交流电或直流电。原油从两极间通过，脱除的含盐水自下部排出。

二、常减压蒸馏

原油一般都不宜直接利用，而是需要将原油按选定的加工方案，根据沸点范围切割成不同的馏分（称为油品），然后将馏分再加以精制，方能得到真正需要的产品。

原油蒸馏的装置，在长期生产实践中不断得到改进。早期采用釜式加热，其工艺落后、生产能力不高，现已为管式蒸馏装置所取代。在这种装置中，原油靠管式加热炉连续加热，并在精馏塔中分馏为各种产品，所以叫管式蒸馏，其生产能力显著提高，目前大多数炼油厂均采用这种装置。

1. 蒸馏原理

原油的蒸馏是石油加工的第一步，它是利用原油中各组分的沸点不同，按一定的沸点范围，将原油分为几个馏分的操作。将原油加热时，沸点低的组分（轻质烃类）先变成蒸气蒸发出来；此后随着温度的升高，沸点高的组分（重质烃类）也逐步地蒸发出来。在各种沸点范围内所蒸发出来的物质，分别经过冷凝和冷却，可得各种石油产品，沸点范围是原油蒸馏时选定的，叫做蒸馏温度范围。表 6-2 所列为原油常压蒸馏的蒸馏温度范围、产品及其主要用途。

表 6-2　原油常压蒸馏产品

产品类别	蒸馏温度范围	主　要　用　途
汽　油	180℃以内	内燃机燃料
溶剂油	120～200℃	发动机燃料及溶剂
煤　油	150～275℃	拖拉机燃料、家庭用燃料
轻柴油	271～350℃	柴油机燃料
重油	350℃以上	锅炉燃料、裂化和润滑材料

2. 初馏

初馏的目的是将原油中所含轻汽油（干点约 140℃）在此塔中馏出，有少量水分和腐蚀性气体也同时分出，这样既可减轻常压炉、塔的负荷，保证常压塔稳定操作，又可减少腐蚀性气体对常压塔的腐蚀。

3. 常压蒸馏

过去原油的常压蒸馏和减压蒸馏是单独进行的。现在为了节省热量和提高设备生产能力，多数是将常压蒸馏和减压蒸馏联合成一套复合的常压-减压装置流程。常压蒸馏是在常压下进行的，目的是分出 400℃ 以下的各个馏分，如汽油、煤油和柴油等。塔底蒸余物为重油，重油可作燃料。然而重油中却又含有重柴油、润滑油、沥青等高沸点组分，这些组分还需要进一步蒸馏方可。

4. 减压蒸馏

如将以上所得重油，提高温度，继续蒸馏，则重油组分就会发生碳化分解而破坏，严重影响油品质量，这样是不能得到有用的润滑油的。为此，就需要采用减压方法，温度仍采用 380～400℃，或略高于 400℃，压力为 40mmHg 或者说真空度为 720mmHg 情况下进行蒸馏。这样既防止了破坏反应，又降低了热能消耗，还加快了蒸馏速度。

通过减压蒸馏可取出润滑油馏出物，如锭子油、机器油、汽缸油等，而从塔底则放出渣油。渣油是炼制石油沥青的原料，将渣油放在氧化锅中，用空气流吹 10h 即得成品。

5. 蒸汽汽提

为了促使原油中的重质油在较低温度下沸腾、汽化，除了采用减压蒸馏外，还可以在蒸馏过程中，同时给被蒸馏的油中通入高温水蒸气，这就叫汽提。汽提和减压有同样作用，其所用设备没有减压工艺设备那样复杂，操作也简单，需用大量蒸汽，且增加了冷却水用量，所以当蒸馏重质油品时需和减压蒸馏配合使用。实际生产中常减压塔均采用汽提。汽提也可单独设置，叫汽提塔，将各侧线馏分油离塔后送入汽提塔，汽提塔底部通入蒸汽，经汽提排出的油，基本上不含上一侧线组分，这就是汽提的作用。

6. 常减压蒸馏工艺流程

常减压蒸馏工艺流程如图 6-2 所示。流程说明如下：

（1）原油换热　为了充分回收热量，使原油与各种馏分在换热器内换热，一般换热到

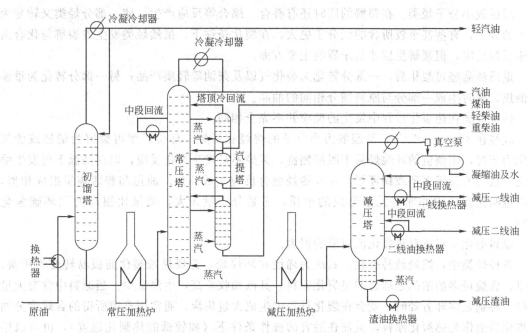

图 6-2　常减压蒸馏工艺流程

200～250℃进入初馏塔。

（2）初馏　初馏塔也叫预分馏塔。原油在初馏塔内分出轻汽油，经冷凝、冷却器降至30～40℃后进入储罐，一部分作回流，一部分作汽油组分或重整原料油。当蒸馏大庆原油时，从初馏塔得到的轻汽油含砷量低，适宜于做重整原料，这也是采用初馏塔的另一个目的。

（3）常压蒸馏　从初馏塔底得到的油叫拔顶油，用泵送入常压炉加热到360～370℃入常压塔，自塔顶分出汽油，经换热、冷凝和冷却至30～40℃，一部分作塔顶回流，一部分作汽油组分。常压塔一般有3～4个侧线，分别馏出煤油、轻柴油和重柴油。常压塔一般设有1～2个中段回流。

（4）减压蒸馏　常压塔底重油温度约为350℃，用热油泵抽出送到减压加热炉，到410℃左右入减压塔。一般减压塔汽化压力为40mmHg（绝压）。为了维持塔内高度真空，减压塔顶只出少量产品，以减少塔顶管线的压力损失。减压塔通常采用侧一线馏分进行中段回流，有时还另设有1～2个中段回流。减压一线馏出物除部分作回流外，其余作为裂化或制蜡原料。减压二、三、四线馏出物可作润滑油原料或裂化原料。减压塔底油可作焦化、减黏裂化、氧化沥青原料或燃料，也可经丙烷脱沥青工艺制取重质润滑油。

三、热裂化

热裂化是炼油工业最早出现的二次加工工艺，热裂化反应是指高分子烃类在高温下裂解为低分子烃类的化学反应。利用热裂化反应使重质油裂解为轻质油品的工艺就叫热裂化。

由于内燃机的发展，汽油与柴油需用量急增，为弥补直馏汽油和柴油数量的不足，热裂化工艺从20世纪初得到了迅速的发展，但由于热裂化汽油辛烷值不够高，裂化产品安定性较差，目前有被催化裂化取代之势。我国一些老炼油厂仍保留使用这种生产装置。

1. 基本原理

热裂化反应相当复杂，当重质油品加热到约450℃以上时，其中大分子烃类便会裂解开来，形成较小分子烃类。在裂解的同时还有叠合、缩合等反应产生，使一部分烃类又转变为较大的分子，有些甚至较所含的烃分子更大，在裂化条件下，虽然烃类发生着裂解与化合两类相反的反应，但裂解反应才是矛盾的主要方面。

重质油品经过裂化后，一部分转化为裂化气以及柴油等轻质产品；另一部分转化为重油和油焦，同时生成一部分与原料馏分相同的油品。

各种烃类在热裂化过程中发生的反应并不完全相同。

烷烃在 400~600℃下，易裂解为小分子的烷烃和烯烃。环烷烃则可裂解为烯烃或脱氢转化为芳烃，带侧链的环烷烃易于脱掉侧链。芳烃不易发生裂化反应，但在高温下可发生缩合反应成为大分子多环或稠环烃，并与烯烃缩合反应生成油焦。油焦和普通焦炭组成相似，所以也叫焦炭，它并非碳元素形成的单质，而是分子量很大，碳氢比很高的稠环碳氢化合物。

原料的化学组成对热裂化反应影响很大。

各种烃类中，烷烃最易裂化，其次为烯烃和环烷烃，芳烃最难裂化而极易转变为焦炭，所以，含烷烃多的油品是理想的热裂化原料，其汽油收率高，生焦量少。当原料中含有大量芳烃，特别是多环芳烃时，就会在裂化过程中生成大量焦炭。通常用蒸馏所得的含蜡馏分油或焦化蜡油作为热裂化原料，重油在适宜的操作条件下（如较低的热裂化温度），也可以用作热裂化的原料。

热裂化的主要产品有裂化气、裂化汽油、柴油和残油。

裂化气中主要含有甲烷、乙烷、乙烯等，其产率和组成受操作条件的影响，而几乎与原料组成无关，产率一般约为 10%，汽油产率约为 30%~50%，柴油产率约为 30%。

热裂化汽油和柴油比直馏汽油和柴油含有较多的不饱和烃（烯烃和二烯烃）和较多芳烃，产品安全性较差，贮存稍久就会变质产生胶质等沉淀物。裂化汽油辛烷值较同一原油的直馏汽油高，一般为 55~65，而柴油十六烷值则较低。

从烈裂化生成油中分出气体、汽油和柴油，剩余的高沸点物重质油叫裂化残油，产率约为 30%。裂化残油可作为船用重油的调和组分。

2. 热裂化工艺流程

工业上的热裂化通常采用循环裂化以提高产品收率。所谓循环裂化是指经一次裂化的产物分出汽油、残油后将中间馏分（其馏程相当于原料馏程）返回原料中再次裂化，这部分中间馏分也叫循环油。原料油和中间馏分混合后可以在一个炉子内进行裂化，这叫单炉裂化；也可将馏程较宽的原料油分为两个轻重不同的窄馏分，然后在两个加热炉内进行裂化，这叫双炉裂化。其中轻馏分难裂化，加热温度要高些，重馏分容易裂化，加热温度可低些。这样可适应各自特点，提高裂化深度，所以也叫选择性裂化。采用上述措施有利于提高汽油产率，并延长开工周期。

目前我国大部分炼油厂为了提高装置能力，增产裂化柴油，通过技术改造，已将原双炉裂化改为丹炉裂化生产。

下面以单炉裂化工艺流程为例加以说明，见图 6-3。

(1) 加热反应系统　原料油经换热打入分馏塔，与循环油混合后进入加热炉，加热到 490℃左右时，原料已在炉管中开始进行热裂化反应。为了达到一定的裂化程度，原料出炉后再入反应塔，在 20kgf/cm² （1kgf/cm² = 9.80665×10⁴Pa）和 490℃条件下停留一段时间，继续进行反应。

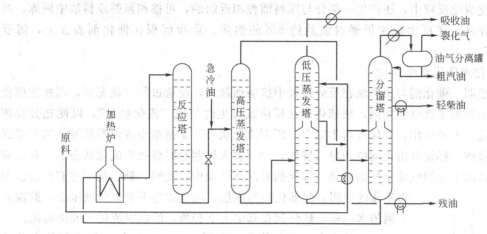

图 6-3　热裂化工艺流程

（2）蒸发分离系统　反应产物经降压后进入高压蒸发塔，于 7～10kgf/cm² 、430℃左右进行蒸发分离。进蒸发塔前打入温度较低的油品（叫急冷油），以降低温度，使裂化反应停止。塔底液体油又进入低压蒸发塔，在 2kgf/cm² 、370℃下再次进行闪蒸，以减少残油中所含的轻馏分，塔底为裂化残油。由高压蒸发塔顶出来的产物入分馏塔，将气体、汽油、柴油与循环油分开。

（3）吸收稳定系统　为了避免气体中携带有汽油及汽油中带有气态烃类，需要用吸收塔、稳定塔分别进行回收，以提高汽油产率，调整汽油蒸气压使其达到要求。

四、催化裂化

由于目前活塞式航空发动机及汽车工业的迅速发展，特别是高压缩比、高功率汽油机的出现，对汽油的辛烷值提出了更高要求，因此，在热裂化基础上又发展了催化裂化，即在进行裂化反应时采用了催化剂。

在催化裂化过程中由于使用了催化剂，所以较热裂化具有显著特点：汽油辛烷值高；产气中含 C_3～C_4 组分较多；装置生产效率高。因此催化裂化能将热裂化取而代之，成为当前炼油厂中的重要工艺。

1. 基本原理

催化裂化是重质油生产轻质油的工艺，但由于常减压塔底的重油和渣油含有多量胶质、沥青质，在催化裂化时易生成焦炭；同时，还含有重金属铁、镍等，故一般采用较重的馏分油，如常压和减压馏分、焦化蜡油、丙烷脱沥青油、润滑油脱蜡得到的蜡膏等作催化裂化原料。

催化裂化常用硅酸铝为催化剂，在较低的压力和温度 [1.5～2.5atm（1atm＝101325Pa），450～550℃] 下进行。由于催化剂能促进异构化（正辛烷→异辛烷）、环烷化、芳构化（环己烷→苯）和氢转移，从而能生成较多的带侧链的烷烃、环烷烃、芳香烃和小分子烃，故可得到高辛烷值汽油。催化裂化所得气体产率不大（15%～30%），气体中的主要成分是丙烷、丙烯或丁烷、丁烯，其中丙烯、丁烯和异丁烷占 50% 以上。一个年加工量为120 万吨的流化催化装置，每年可产丙烯等 C_3 组分 4～5 万吨，丁烯等 C_4 组分 5～6 万吨。可作为生产高辛烷值汽油的组分以及石油化工的原料；同时还能提供大量液化气（主要是丙烷、丁烷等）作民用燃料。

在催化裂化反应中，还产生一部分与原料馏程相近的油，可掺和新鲜原料油中回炼，叫回炼油。此外，还可生成少量燃料油及约 5% 的焦炭。焦炭沉积在催化剂表面上，需要烧掉。

2. 流化床催化原理

实践证明，催化剂与原料油在反应过程中接触面越大，反应进行得越充分，因此在催化裂化工艺中发展了微球催化剂，使催化剂在反应或再生时呈现"流化状态"，以便充分发挥催化剂在反应中的作用，并保证再生完全。所谓流化状态，是指细小固体颗粒被气流携带起来时，像液体一样能自由流动的现象。譬如，砂土被大风刮起时就处在流化状态下。在反应器和再生器内由于油气或空气的吹动，催化剂悬浮在气流中，此时，催、化剂占有反应器和再生器的空间，叫催化剂的床层。流化状态下的催化剂床层，就像开了锅的水一样，催化剂在其中上下翻腾，所以叫流化床或沸腾床。

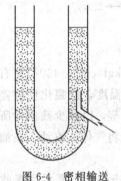

图 6-4　密相输送
示意图

在流化床中，由于催化剂的激烈运动，油气与催化剂能充分接触，加速了反应的进行，因此提高了设备的处理能力；同时也使热量的传递加快，整个床层温度均匀，避免了局部过热。

利用流化原理，还可以很方便地输送催化剂。如图 6-4 所示，往右边容器下部吹入一定速度的气体（叫提升气或提升风），使容器内的催化剂密度降低，两端造成压力差，催化剂就会自动从左侧流向右侧。这就是所谓"密相输送"。在流化催化裂化装置中，利用这个方法，通过连接两器的 U 形管，使催化剂在反应器和再生器之间进行循环。在反应器一边，提升气体是压缩空气，也叫增压风。

这种输送方法可以提高催化剂的循环量，不仅强化了反应，而且可以利用催化剂作热载体，将再生放出的热量很快地带到反应器供反应用，从而简化了两器的结构。

3. 催化裂化工艺流程

流化床催化裂化工艺流程，是由多种生产系统组合起来的，现就目前国内应用较普遍的一种（见图 6-5），介绍如下。

(1) 反应-再生系统　原料油经加热到 400℃ 左右，进入反应器提升管，与来自再生器的高温催化剂（约 560～600℃）相遇，迅速汽化并发生反应；反应产物携带着催化剂继续上升，在反应器内以流化状态继续反应，反应器内床层温度 460～900℃，反应后，表面沉积着焦炭，并吸附有油气的催化剂进入反应器下部的汽提段，用水蒸气将油气吹回反应器。催化剂经再生催化剂 U 形管被增压风送入再生器。

在再生器中，靠主风机鼓入的空气将催化剂上焦炭烧掉以恢复其活性。再生过程也是在流化状态下进行的，温度约为 600℃。再生后的高温催化剂从器内溢流管经再生催化剂 U 形管又返回反应器。烧焦产生的烟气自再生器顶部经双动滑阀排入大气。

由于烟气中含有大量一氧化碳，也可送入一氧化碳锅炉燃烧，产生水蒸气以回收热量。

(2) 分馏系统　反应后的产物自反应器顶部排出，入分馏塔，分离为催化裂化富气、粗汽油、柴油、回炼油及油浆。

裂化富气与粗汽油送往吸收稳定系统，回炼油返回反应器进行再次裂化。塔底油浆一部分进行回炼，一部分用于分馏塔下部打循环，将进入分馏塔油气中携带的少量催化剂粉末洗下。

(3) 吸收-稳定系统　目的与热裂化装置的吸收-稳定系统相似，都是为了将裂化富气中

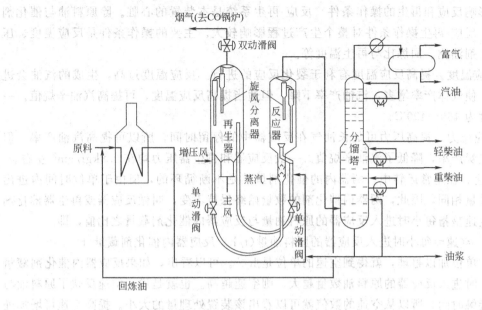

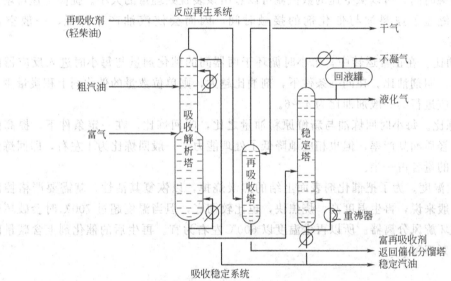

图 6-5　流化催化裂化工艺流程

C_2 以下组分与 C_3 以上的组分分离，以便利用，同时将混入粗汽油中的少量气体烃分出，以降低汽油蒸气压，保证符合商品规格。

裂化富气经压缩机压缩后进入吸收解吸塔，用吸收剂（汽油）将其中 C_3、C_4、C_5 等组分吸收下来，自塔底排出，叫富吸收油。自塔顶排出的气体主要是 C_1、C_2 及少量作吸收剂的汽油，进入再吸收塔，用轻柴油（再吸收剂）把携带的汽油吸收下来。C_1、C_2 等从塔顶排出，叫催化裂化干气。吸收了汽油的轻柴油自塔底排出后入分馏塔吸收。富吸收油经过加热可将吸收的气体烃释放出来，叫做解吸。由于富吸收油一部分是本装置生产的粗汽油，所以对粗汽油来讲经过加热解吸就达到了稳定的效果。这一过程主要是在稳定塔中进行的。塔顶分出 C_3、C_4 组分，因其在常温加压下呈液态，所以叫液化气。稳定塔底得到稳定汽油，一部分打入吸收解吸塔做吸收剂，下余为本装置的产品。

（4）影响反应和再生的操作条件　反应-再生系统是本装置的心脏。除原料油与催化剂性能以外，反应-再生操作条件对整个生产过程影响较大。主要的操作条件是反应温度、压力、空速、剂油比、回炼比与再生温度等。

① 反应温度。提高反应温度有利于裂化反应的进行。反应温度过高，生成的汽油会进一步裂化，使气体产率增多，汽油产率下降。但适当提高反应温度，可提高汽油辛烷值。一般反应温度为 460～490℃。

② 反应压力。提高压力可延长油气在反应器中的停留时间，所以可提高汽油产率，但也增加了焦炭产率，降低了汽油辛烷值。一般反应器和再生器压力均在 0.8kgf/cm² 左右。

③ 空速。在正常运转中，两器内的催化剂虽然是不断循环的，但由于单位时间内进出的催化剂数量相同，因此，两器内催化剂的数量始终保持不变，叫做反应器或再生器催化剂的藏量。空速是指每小时进入反应器的原料油量与反应器内催化剂藏量之比值，即

$$空速 = 每小时进入反应器的原料油量(t/h)/反应器内催化剂藏量(t)$$

将上式单位加以整理，就得到空速的单位是 h^{-1}。可以看出，如果反应器内催化剂藏量不变，每小时进入反应器的原料油数量越大，则空速越高。也就是说，空速反映了原料油与催化剂的接触时间，所以从空速的数值就可以看出该装置处理量的大小。提高空速可增加处理能力，但缩短了原料油与催化剂的接触时间，因而会使汽油产率降低，一般空速为 $5～10h^{-1}$。

④ 剂油比。在正常运转中，每小时循环于两器间的催化剂量与每小时进入反应器的原料油料量比，叫剂油比。在同一条件下，剂油比越大，则单位数量的催化剂上积炭量少，有利于裂化反应进行。一般剂油比为 4～6。

⑤ 回炼比。每小时回炼油与新鲜原料油量之比，叫回炼比。在一定条件下，提高回炼比，可增加轻质油品产率，但也相应地降低了处理能力。一般回炼比为 1 左右，即回炼油与新鲜原料油的量各占一半。

⑥ 再生温度。为了把催化剂表面上结的焦炭烧掉，以恢复其活性，就需要严格控制再生温度。一般来说，再生温度高，烧焦快，也比较彻底，但当温度超过 700℃时会破坏催化剂，甚至破坏旋风分离器。所以再生温度以 600℃左右为宜。再生后的催化剂上含碳量降到 0.4%～0.7%即可。

习　题

1. 什么叫石油化学工业？
2. 石油含有哪些主要物质和哪些主要元素？
3. 什么叫辛烷值？
4. 石油炼制主要有哪些工艺过程？其工艺条件是什么？
5. 常压蒸馏都有哪些油品？其工艺条件是什么？
6. 什么叫热裂化？什么叫催化裂化？

第七章 煤炭加工工业

第一节 概 述

一、煤化工发展

煤化工即指经化学方法将煤炭转换为气体、液体和固体产品或半产品，而后进一步加工成化工、能源产品的工业，包括焦化、电石化学、煤气化等。随着世界石油资源的不断减少，煤化工有着广阔的前景。主要包括煤的气化、液化、干馏，以及焦油加工和电石乙炔化工等。在煤化工可利用的生产技术中，炼焦是应用最早的工艺，并且至今仍然是化学工业的重要组成部分。煤的气化在煤化工中占有重要地位，用于生产各种气体燃料，是洁净的能源，有利于提高人民生活水平和环境保护；煤气化生产的合成气是合成液体燃料等多种产品的原料。煤直接液化，即煤高压加氢液化，可以生产人造石油和化学产品。在石油短缺时，煤的液化产品将替代目前的天然石油。

煤化工开始于 18 世纪后半叶，19 世纪形成了完整的煤化工体系。进入 20 世纪，许多以农林产品为原料的有机化学品多改为以煤为原料生产，煤化工成为化学工业的重要组成部分。第二次世界大战以后，石油化工发展迅速，很多化学品的生产又从以煤为原料转移到以石油、天然气为原料，从而削弱了煤化工在化学工业中的地位。煤中有机质的化学结构，是以芳香族为主的稠环为单元核心，由桥键互相连接，并带有各种官能团的大分子结构，通过热加工和催化加工，可以使煤转化为各种燃料和化工产品。焦化是应用最早且至今仍然是最重要的方法，其主要目的是制取冶金用焦炭，同时副产煤气和苯、甲苯、二甲苯、萘等芳烃。煤气化在煤化工中也占有重要的地位，用于生产城市煤气及各种燃料气，也用于生产合成气；煤低温干馏、煤直接液化及煤间接液化等过程主要生产液体燃料，在 20 世纪上半叶曾得到发展，第二次世界大战以后，由于其产品在经济上无法与天然石油相竞争而趋于停顿，当前只有在南非仍有煤的间接液化工厂；煤的其他直接化学加工，则生产褐煤蜡、磺化煤、腐殖酸及活性炭等，仍有小规模的应用。

(1) 世界煤化工　世界上生产的煤，主要用作电站和工业锅炉燃料；用于煤化工的占一定比例，其中主要是煤的焦化和气化。80 年代世界焦炭年产量约 340Mt，煤焦油年产量约 16Mt（从中提炼的萘约 1Mt）。煤焦油加工的产品广泛用于制取塑料、染料、香料、农药、医药、溶剂、防腐剂、胶黏剂、橡胶、碳素制品等。1981 年，世界合成氨总产量 95.3Mt，主要来源于石油和天然气。以煤为原料生产的氨只占约 10%；自煤合成甲醇的比例也很小，仅占甲醇总产量约 1%。

(2) 美国煤化工　1984 年美国用煤 717.7Mt，其中用于炼焦的占 5.5%，达 39.5Mt。炼焦副产的苯占苯总产量的 9%，以电石乙炔为原料生产的醋酸乙烯在其总产量中占 8%。1984 年美国建成由褐煤气化再甲烷化生产高热值城市煤气的工厂，日加工褐煤 22kt，产气 3.89Mm³。近年，又在煤气化和液化方面，进行了不少新工艺试验。

（3）原联邦德国煤化工 1984年联邦德国用煤84.8Mt（不包括褐煤），炼焦用煤占32.6％，为27.6Mt，煤焦油年产量约1.4Mt。全国钢铁等企业的焦炉生产的煤焦油集中到五个焦油加工厂进行加工，生产的化学品达500多种。电石乙炔化工方面曾有很大发展，当前在技术上仍有改进。在煤的加压气化和直接液化研究方面也有一些新的进展。

（4）日本煤化工 1984年日本共用煤106.9Mt，由于其钢铁工业很发达，炼铁等冶金用焦炭需要量很大，因此炼焦用煤占66％，为70.5Mt。每年的煤焦油产量达2.4Mt，提供了全部萘的工业来源。以电石乙炔为原料生产的醋酸乙烯在其总产量中占23％。

（5）南非煤化工 是当前世界上仍拥有煤间接液化工厂的地区，有SASOL-Ⅰ、SASOL-Ⅱ、SASOL-Ⅲ三座合成液体燃料工厂，年加工煤共约33Mt，生产汽油、柴油、喷气燃料等油品数百万吨，副产气态烃、乙醇、氨、硫等化学品数十万吨。

（6）中国煤化工 从总量上来看，2006年在建煤化工项目有30项，总投资达800多亿元，新增产能为甲醇850万吨，二甲醚90万吨，烯烃100万吨，煤制油124万吨。而已备案的甲醇项目产能3400万吨，烯烃300万吨，煤制油300万吨。2006年，国家发改委出台了政策并利用各种渠道广泛征求意见，以期规范和扶持煤化工产业的发展。2006年中国自主知识产权的煤化工技术也取得了很大的进展，开始从实验室走向生产。2007年是中国煤化工产业稳步推进的一年，在国际油价一度冲击百元大关、全球对替代化工原料和替代能源的需求越发迫切的背景下，中国的煤化工行业以其领先的产业化进度成为中国能源结构的重要组成部分。煤化工行业的投资机遇仍然受到国际国内投资者的高度关注，煤化工技术的工业放大不断取得突破、大型煤制油和煤制烯烃装置的建设进展顺利、二甲醚等相关的产品标准相继出台。新型煤化工以生产洁净能源和可替代石油化工的产品为主，如柴油、汽油、航空煤油、液化石油气、乙烯原料、聚丙烯原料、替代燃料（甲醇、二甲醚）等，它与能源、化工技术结合，可形成煤炭——能源化工一体化的新兴产业。煤炭能源化工产业将在中国能源的可持续利用中扮演重要的角色，是今后20年的重要发展方向，这对于中国减轻燃煤造成的环境污染、降低中国对进口石油的依赖均有着重大意义。可以说，煤化工行业在中国面临着新的市场需求和发展机遇。煤化工前景纵观近百年化学工业的发展历史，其间每次原料结构的变化总伴随着化学工业的巨大变革。1984年世界化石燃料探明的可采储量，煤约占74％，而石油约12％、天然气约10％，从资源角度看，煤将是潜在的化工主要原料。未来煤化工将在哪些领域，以什么速度发展，将取决于煤化工本身技术的进展以及石油供求状况和价格的变化。从近期来看，钢铁等冶金工业所用的焦炭仍将依赖于煤的焦化，而炼焦化学品如萘、蒽等多环化合物仍是石油化工所较难替代的有机化工原料；煤的气化随着气化新技术的开发应用，仍将是煤化工的一个主要方面；将煤气化制成合成气，然后通过碳一化学合成一系列有机化工产品的开发研究，是近年来进展较快，且引起关注的领域；从煤制取液体燃料，无论是采用低温干馏、直接液化或间接液化，都不得不取决于技术经济的评价。煤化工替代燃料产品可分为三类：含氧燃料（醇/醚/酯）、合成油（煤制油）、气体燃料（甲烷气/合成气/氢气）。其中含氧燃料技术成熟，是近期应予推广应用的重点；合成油与现有车辆技术体系和基础设施完全兼容，但其技术尚待完善，将在2020年发挥重要作用；气体燃料优点很多，我国将从基础科学研究、前沿技术创新、工程应用开发等方面逐一突破。

二、煤化工范畴及分类

煤化工技术广泛应用于工业生产中，其范畴主要包括：

① 煤焦化主要生产炼钢用焦炭，同时生产焦炉煤气、苯、萘、蒽、沥青以及碳素材料

等产品；

② 煤气化生产合成气，是合成液体燃料、乙醇、乙酐等多种产品的原料；

③ 煤直接液化，即煤高压加氢液化，可以生产人造石油和化学产品；煤间接液化是由煤气生产合成气，再经催化合成液体燃料和化学产品；

④ 煤低温干馏生产低温焦油，经过加氢生产液体燃料，低温焦油分离后可得到有用的化学产品。低温干馏的半焦（兰炭）可用作无烟燃料，或用作气化原料、发电燃料以及碳质还原剂等。低温干馏煤气可做燃料气。煤化工分类及产品示意如图 7-1 所示。

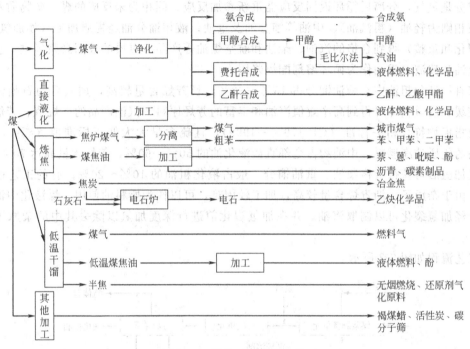

图 7-1　煤化工分类及产品

第二节　煤液化技术简介

煤液化是把固体煤炭通过化学加工过程，使其转化成为液体燃料、化工原料和产品的先进洁净煤技术。其目的是获得和利用液态的碳氢化合物代替石油及其制品。

随着经济的快速增长，对能源的需求量剧增，特别是石油消费，而我国是个富煤贫油的国家，因此煤炭是支撑我国经济发展重要的不可再生的能源。开发与利用洁净煤技术是我国实施可持续发展战略的重要措施之一，煤炭液化是洁净煤技术之一，作为生产石油替代品的有效技术，对解决目前我国石油资源短缺会起到重要作用。

根据不同的加工路线，煤炭液化可分为直接液化和间接液化两大类。

一、直接液化

直接液化是在高温（400℃以上）、高压（10MPa 以上），在催化剂和溶剂作用下使煤的分子进行裂解加氢，直接转化成液体燃料，再进一步加工精制成汽油、柴油等燃料油，又称加氢液化。煤炭直接液化作为曾经工业化的生产技术，在技术上是可行的。目前国外没有工业化生产厂的主要原因是，在发达国家由于原料煤价格、设备造价和人工费用偏高等导致生产成本偏高，难以与石油竞争。

直接液化典型的工艺过程主要包括煤的破碎与干燥、煤浆制备、加氢液化、固液分离、气体净化、液体产品分馏和精制，以及液化残渣气化制取氢气等部分。氢气制备是加氢液化的重要环节，大规模制氢通常采用煤气化及天然气转化。液化过程中，将煤、催化剂和循环油制成的煤浆，与制得的氢气混合送入反应器。在液化反应器内，煤首先发生热解反应，生成自由基"碎片"，不稳定的自由基"碎片"再与氢在催化剂存在条件下结合，形成分子量比煤低得多的初级加氢产物。出反应器的产物构成十分复杂，包括气、液、固三相。气相的主要成分是氢气，分离后循环返回反应器重新参加反应；固相为未反应的煤、矿物质及催化剂；液相则为轻油（粗汽油）、中油等馏分油及重油。液相馏分油经提质加工（如加氢精制、加氢裂化和重整）得到合格的汽油、柴油和航空煤油等产品。重质的液固淤浆经进一步分离得到重油和残渣，重油作为循环溶剂配煤浆用。

煤直接液化粗油中石脑油馏分占 15%～30%，且芳烃含量较高，加氢后的石脑油馏分经过较缓和的重整即可得到高辛烷值汽油和丰富的芳烃原料，汽油产品的辛烷值、芳烃含量等主要指标均符合相关标准（GB 17930—1999），且硫含量大大低于标准值（≤0.08%），是合格的优质洁净燃料。中油约占全部直接液化油的 50%～60%，芳烃含量高达 70% 以上，经深度加氢后可获得合格柴油。重油馏分一般占液化粗油的 10%～20%，有的工艺该馏分很少，由于杂原子、沥青烯含量较高，加工较困难，可以作为燃料油使用。煤液化中油和重油混合经加氢裂化可以制取汽油，并在加氢裂化前进行深度加氢以除去其中的杂原子及金属盐。

工艺流程如图 7-2 所示。

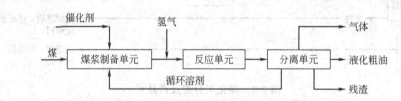

图 7-2 煤炭直接液化工艺流程简图

二、间接液化

煤的间接液化技术是先将煤全部气化成合成气，然后以煤基合成气（一氧化碳和氢气）为原料，在一定温度和压力下，将其催化合成为烃类燃料油及化工原料和产品的工艺，包括煤炭气化制取合成气、气体净化与交换、催化合成烃类产品以及产品分离和改制加工等过程。

煤间接液化可分为高温合成与低温合成两类工艺。高温合成得到的主要产品有石脑油、丙烯、α-烯烃和 C_{14}～C_{18} 烷烃等，这些产品可以用作生产石化替代产品的原料，如石脑油馏分制取乙烯、α-烯烃制取高级洗涤剂等，也可以加工成汽油、柴油等优质发动机燃料。低温合成的主要产品是柴油、航空煤油、蜡和 LPG 等。煤间接液化制得的柴油十六烷值可高达70，是优质的柴油调兑产品。

煤间接液化制油工艺主要有 Sasol 工艺、Shell 的 SMDS 工艺、Syntroleum 技术、Exxon 的 AGC-21 技术、Rentech 技术。已工业化的有南非的 Sasol 的浆态床、流化床、固定床工艺和 Shell 的固定床工艺。国际上南非 Sasol 和 Shell 马来西亚合成油工厂已有长期运行经验。

典型煤基 F-T 合成工艺包括：煤的气化及煤气净化、变换和脱碳；F-T 合成反应；油品加工等 3 个纯"串联"步骤。气化装置产出的粗煤气经除尘、冷却得到净煤气，净煤气经 CO 宽温耐硫变换和酸性气体（包括 H_2 和 CO_2 等）脱除，得到成分合格的合成气。合成气进入合成反应器，在一定温度、压力及催化剂作用下，H_2S 和 CO 转化为直链烃类、水以及少量的含氧有机化合物。生成物经三相分离，水相去提取醇、酮、醛等化学品；油相采用常规石油炼制手段（如常、减压蒸馏），根据需要切割出产品馏分，经进一步加工（如加氢精制、临氢降凝、催化重整、加氢裂化等工艺）得到合格的油品或中间产品；气相经冷冻分离及烯烃转化处理得到 LPG、聚合级丙烯、聚合级乙烯及中热值燃料气。

工艺流程如图 7-3 所示。

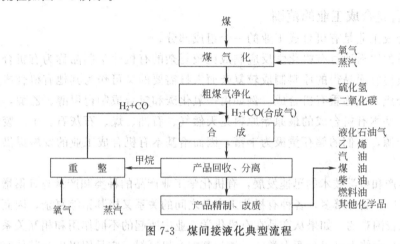

图 7-3　煤间接液化典型流程

习　题

1. 什么叫煤的直接液化？
2. 什么叫煤的间接液化？
3. 煤直接液化的工艺过程主要包括哪些步骤？

第八章　有机合成化工产品生产

第一节　概　述

一、基本有机合成工业的范围

基本有机合成工业是有机合成工业的一个组成部分。

由比较简单的原料通过有机化学反应制成比较复杂的有机化学制品称为有机合成。在有机合成中，由最便宜而易得的原料制成较复杂而大量需要的又可作为其他有机合成原料的产品称基本有机合成，或称重有机合成。例如由一氧化碳和氢合成制得甲醇、乙醇，由乙炔水合生产乙醛等。基本有机合成的最原始原料是天然气、石油、煤、石灰石、生产废料、农林副产物等天然资源，它们的储存量极为丰富，因而给基本有机合成工业的发展提供了雄厚的物质资源基础。

随着工业生产和科学技术的迅速发展，有机化学工业产品的种类和产量与日俱增。有机化学工业的范围很广，品种繁多，各种有机化工产品之间的关系又极其错综复杂，因而要对其进行严格分类是比较困难的。如果从产品在有机化学工业中所起的不同作用和相互关系来看，有机化学工业的产品大体上可以分两大类。一类为基本有机原料，它是用以生产其他有机化工产品的基本原料。例如：乙烯、丙烯、丁二烯、苯、甲苯、二甲苯、乙炔、苯以及醇、醛、酮、醋酸、卤素衍生物、羧酸衍生物、烯烃氧化物、含硫和含氮化合物等都是本类重要的产品。另一类是有机化工产品的原料，通过进一步加工即可制得合成树脂和塑料、合成橡胶、合成纤维、染料、农药、合成药物、各种助剂、溶剂、增塑剂、防老剂、促进剂等。这些中间产品再进一步加工后，即可作为人们日常生活用品或许多生产部门的生产资料。

二、基本有机合成工业在国民经济中的地位

基本有机合成工业在国民经济中占有很重要的地位。它的产品种类多、数量大、用途广，与国民经济各部门及人民生活都有着密切的关系。如有机化学工业的多数产品，都要以基本有机化工的产品作为生产原料，其中最主要的是为高分子合成材料——合成树脂、合成橡胶、合成纤维、成膜物质和离子交换树脂等的工业生产提供原料。这些合成材料不仅可作为天然材料的代用品，而且在某些性能方面甚至超过天然材料，显得更为优越。

基本有机合成工业在促进农业生产的发展中也起着重要作用，它不仅为农业提供了所需用的合成材料如橡胶和塑料制品等，而且还为农业生产所需要的杀虫剂、杀菌剂、除草剂和植物生产调节剂等的生产提供了原料。同时还可以取代农产品做为国民经济各部门的原料，从而节约了农产品，减少了食物物资的工业消耗，减轻了农业的负担和压力。例如：以合成酒精代替粮食发酵法制酒精，可节省大量粮食（每生产 1t 95％酒精约需消耗玉米 4t 或红薯10t）。发展合成纤维的生产，可以使人类摆脱单纯地依靠农业来解决穿衣和工业用织物的问题。生产一万吨合成纤维相当于增产 2.1 亿尺棉布，而生产这些棉花所需耕地为 25 万亩（1 亩≈666.7m²）。另一方面，合成纤维还具有质轻、坚牢耐用、耐腐蚀、易洗易干、无折

皱、染色牢固等特点。某些合成材料还可用于军用织物，如轮胎、降落伞和篷布等。塑料制品更是已深入人民生活中，而且不少具有特殊要求的机械零部件，也可采用塑料制造，甚至航空和宇宙飞船中塑料也都得到了广泛应用。合成橡胶则是汽车、飞机、船舶制造和国防部门中必不可少的材料。特别是在一些尖端科学技术中，需要一些特殊溶剂、高能燃料和具有特殊性能的合成材料等，也都需要有机化学工业来提供。因此可以说基本有机合成工业的发展，在实现我国四化建设中是肩负着重要使命的。

三、基本有机合成工业的发展概况

一个工业部门要得到充分的发展，必须具备两个基本条件：其一，要有丰富易得的原料资源；其二，必须掌握由这些原料资源生产所需产品的科学技术。实际上，上述两个条件的解决过程就是基本有机化学工业的发展过程。

远在几千年以前，人们就已开始用农、林产品生产某些基本有机原料。如粮食、薯类发酵酿酒就是一个例子。但是，用粮食生产有机化工产品要消耗大量粮食，这在当时人口还很少的情况下，还是可能的，在人口众多的今天，人们的生活标准又很高，如果用粮食来作为基本有机化工的原料，就会遇到很多问题，因而限制了基本有机化工的发展。直至采用煤为原料，并解决了由煤制造基本有机化工产品的关键技术以后，基本有机化学工业才逐渐地发展成为一个独立的工业部门。这是发生在 20 世纪末和 21 世纪初的事情。

20 世纪下半叶，随着钢铁工业的发展，炼焦工业已经具有相当大的规模，炼焦副大量的煤焦油。当发现从煤焦油中可以提取丰富的芳烃，并掌握了由芳烃制取染料的技术以后，以煤焦油为基础的染料工业便很快地发展起来。直到电石用于制造基本有机化工原料以后，才真正有了基本有机化学合成工业。由电石乙炔可以生产乙醛、醋酸、丙酮、丁二烯、氯乙烯、醋酸乙烯、塑料、合成橡胶等产品，从而使基本有机化学工业成为一个巨大的新兴工业。

在煤化学工业蓬勃发展的时期，以石油、天然气为原料制取基本有机原料的工业也已开始出现。从 1920 年起，美国开始以石油为原料制取基本有机化工产品，不久就发现将石油产品经过 $700 \sim 800 ℃$ 的高温裂解，可生产大量的乙烯、丙烯、丁二烯、苯、甲苯等，从而开辟了比单独从乙炔出发制取基本有机化工产品多得多的新工艺路线。由于石油、天然气资源丰富，用其制取烯烃、炔烃、芳烃的方法远比生产电石简单，成本也较低，因而到 20 世纪 50 年代初，从石油、天然气为原料的化学工业和石油化学工业，已经在世界各国得到普遍发展。甚至石油、天然气资源贫乏的日本和西欧各国，也都竞相发展石油化学工业。

近 20 年来，石油化学工业获得了极其迅速的发展，给化学工业的原料结构带来了根本性的变化，同时使化学工业的生产技术亦发生重大改变。自从化学工业原料迅速地由无机矿物、煤炭及农林副产品转向石油和天然气。到 60 年代末，国外有机化工产品已有 80％以上是以石油和天然气为原料生产的。而塑料、合成橡胶、合成纤维这三大合成材料几乎百分之百依赖于石油生产。目前每年大约有一亿吨石油用作化工原料，石油化工的产值已占全化学工业总产值的 60％。某些工业先进的国家，如英国、日本、原联邦德国甚至达到 80％以上。将来一旦新能源的开发和节能技术得到突破，从而降低了燃料部分的石油需求，到那时如将这部分石油和天然气也全部转为基本有机化工原料的生产，则有机化工的发展将更无可限量。

四、基本有机化工的原料

基本有机化工所用的主要原料是碳氢化合物，此外，还需要用一些无机物工业产品作为原料或辅助材料。

碳氢化合物主要是从天然资源如天然气、石油和煤中制取，有时也用农、林副产物来制取小部分碳氢化合物。

天然气、石油和煤等天然资源经过各种方法加工，可以转化成脂肪烃、芳香烃和合成气等。通常，加工所得的脂肪烃原料中，总是希望 C_2 以上的烃类含量多些，而且最好是含有较多的不饱和烃，以便经过简单的分馏和适当的加工后可直接使用，C_2 以上的饱和烃则必须进一步加工成不饱和烃后才能应用。因此，天然资源加工的主要目的可以认为是生产乙烯、丙烯、丁烯、丁二烯、乙炔等不饱和烃；苯、甲苯、二甲苯等芳香烃以及合成气和某些烷烃。从这些基本有机原料可以生产许多重要的有机合成产品。因此有人把天然气、石油和煤称为基本有机化工的三大原料资源。农林副产品及其废物，经过加工处理也可得到很多重要的有机合成原料。

一个国家有机化工生产以那种资源作原料，或以那种原料为主，主要根据各国资源情况不同而确定。也可以是单一的，也可能是多种并用的。我国是个地大物博、资源十分丰富的国家，四大原料均可采用。

在基本有机合成工业用的直接原料中，最重要的有以下三种：

① 一氧化碳加氢；

② 乙炔；

③ 乙烯。

从这三种原料出发，几乎可以合成所有的有机合成工业产品。

表 8-1 和图 8-1，举出了从以上三种原料出发，经过不同的加工步骤所获得的有机化工产物，由图 8-1 可以看出各种原料和所得产品之间相互转化的关系。

表 8-1　不同步骤的合成产物

拟合成的物质	催化剂	温度/℃	压力/atm	容积比 CO:H₂	合成产物
甲烷	Ni, ThO₂, MgO	250～500	1	1:3	主要是甲烷
高级脂肪烃	Fe, Co, Ni, ThO₂ MgO, Al₂O₃ K₂O	150～350	1～30	1:1或1:2	烷烃和烯烃(从甲烷到固体石蜡)
高级脂肪烃	ThO₂, ZnO, Al₂O₃, K₂O	400～500	100～1000	1:1	具有高度支链结构的气体的和液体的烷烃和烯烃
高级脂肪烃	Ru	150～250	100～1000	1:1或1:2	高分子的烷烃
芳香烃	Cr₂O₃, ThO₂	475～500	30	1:1	主要是芳香烃
甲醇	ZnO, Cu, Cr₂O₃, MnO	200～400	100～1000	1:2	甲醇
高级醇	ZnO, Cu, Cr₂O₃, MnO K₂O	300～450	100～400	1:2	甲醇与高级醇
合成醇	Fe, K₂O	400～450	100～150	从1:1.5到1:2	脂肪族醇、醛、酮、酯、有机酸等的混合物

注：1atm＝101325Pa。

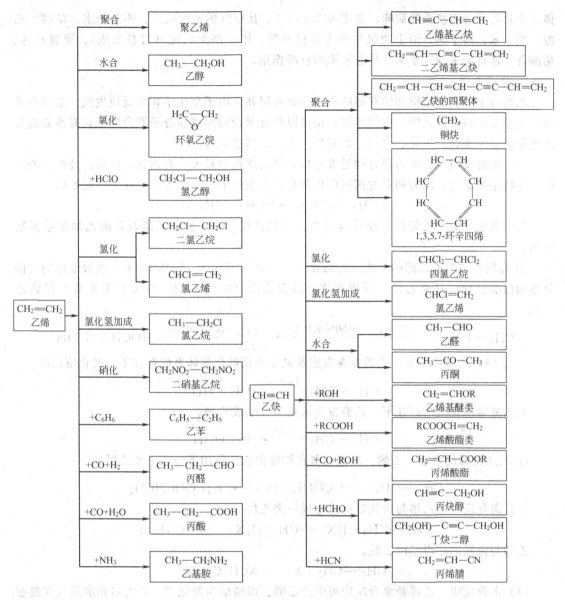

图 8-1 由乙烯和乙炔合成有机产品的流程图

第二节 乙 烯

乙烯是现代石油化学工业的重要基础原料。由于乙烯的化学性质很活泼，因此在自然界独立存在的可能性很小，但它可以从石油烃、煤或其他原料中制取。工业上制取乙烯的方法有很多，其中最主要的方法是烃类热裂解。目前，世界乙烯产量的 99% 左右都是由烃类管式炉热裂解法生产的，近年来我国新建的乙烯生产装置均采用管式炉热裂解法生产技术。

一、乙烯的性质

1. 物理性质

乙烯分子式 $CH_2{=}CH_2$，相对分子质量 28.06。乙烯是一种无色，略具特种臭味的气体，少量乙烯带有淡淡的甜味。密度为 $1.25g/L$，比空气的密度略小。不溶于水，微溶于乙醇、酮、苯，溶于醚，溶于四氯化碳等有机溶剂。用于制聚乙烯（自身加成）、聚氯乙烯、醋酸等，还可用来催熟水果。具有较强的麻醉作用。

2. 化学性质

乙烯分子中含有不饱和的双键结构，因此可以和亲电子型化学物质反应生成一系列有重要工业价值或科学意义的一次衍生物，也可以自身聚合而形成高分子聚合物。具有重要意义的化学反应为聚合、氧化、卤化、烷基化、水合、羰基化等。

(1) 聚合反应　乙烯的聚合物是聚乙烯，是乙烯耗量最大的石油化工产品。高纯度的乙烯，在特定的温度、压力和引发剂或催化剂存在的条件下，发生聚合反应生产聚乙烯。

$$n CH_2 =\!\!=CH_2 \longrightarrow +\!CH_2-CH_2\!+_n$$

(2) 氧化反应　乙烯经氧化反应可生产环氧乙烷、乙二醇、乙醛及乙酸乙烯等重要衍生物。

① 环氧乙烷与乙二醇的生成。乙烯在 $200 \sim 300℃$ 及 $1.5 \sim 3.0MPa$ 下，经银催化剂的催化作用而被氧化成环氧乙烷。所得产物经高温高压（$3.5MPa$ 和 $250℃$）下水解可得到乙二醇。

$$CH_2 =\!\!=CH_2 \xrightarrow{200 \sim 300℃,15 \sim 30MPa,银催化剂} \overset{O}{\triangle} \xrightarrow{高温高压 H_2O} HOCH_2CH_2OH$$

② 乙醛与乙酸的生成。乙烯在含有钯及氯化亚铜催化剂体系的存在下，转化成乙醛。

$$CH_2 =\!\!=CH_2 \xrightarrow{Pd,CuCl_2} CH_3CHO$$

在乙酸锰催化剂的存在下，乙醛发生氧化反应生成乙酸。

$$CH_2 =\!\!=CH_2 \xrightarrow{乙酸锰} CH_3COOH$$

③ 乙酸乙烯的生成。乙烯、乙酸和氧在铂催化剂的作用下合成乙酸乙烯。

$$CH_2 =\!\!=CH_2 + CH_3COOH + O_2 \xrightarrow{Pt} CH_3COOCHCH_2$$

(3) 卤化反应　乙烯与卤化氢反应生成一卤乙烷。

$$CH_2 =\!\!=CH_2 + HX \longrightarrow CH_3CH_2X \qquad X=Cl,Br,I$$

乙烯与卤素加成得二卤乙烷。

$$CH_2 =\!\!=CH_2 + X_2 \longrightarrow XCH_2CH_2X$$

(4) 水合反应　乙烯经水合反应可生产乙醇。以磷酸为催化剂，使乙烯和水蒸气在温度为 $300℃$，压力为 $7MPa$ 下发生水合反应而生成乙醇。以 H_2SO_4 为催化剂的生产方法基本被淘汰。

$$CH_2 =\!\!=CH_2 + H_2O \xrightarrow{300℃,7MPa,磷酸} CH_3CH_2OH$$

(5) 烷基化反应　乙烯烷基化反应的最主要产品是乙苯。乙苯是苯和乙烯在氯化铝催化剂及少量氯化氢或氯乙烷的引发下发生烷基化反应而生成的化合物，反应条件为温度 $80 \sim 100℃$ 和压力 $0.1 \sim 0.2MPa$。

$$CH_2 =\!\!=CH_2 + C_6H_6 \xrightarrow{80 \sim 100℃,0.1 \sim 0.2MPa,AlCl_3,HCl} C_6H_5C_2H_5 。$$

(6) 羰基化反应　由乙烯经羰基化反应可生成丙醛，进一步氢化或氧化反应还可生成丙醇或丙酸。这三种化合物是生成农药、溶剂和其他化学产品的重要中间原料。

初期的羰基化反应是以钴为催化剂，使乙烯、氢和一氧化碳在 $60 \sim 200℃$，$4 \sim 35MPa$ 条件下进行羰基化生成丙醛，后者经加氢或氧化后即可得到丙醇或丙酸。

$$CH_2=CH_2+CO+H_2 \xrightarrow{60\sim200℃,4\sim35MPa,Co} CH_3CH_2CHO$$

$$CH_3CH_2CHO+H_2 \longrightarrow CH_3CH_2CH_2OH$$

$$CH_3CH_2CHO+1/2O_2 \longrightarrow CH_3CH_2COOH$$

(7) 齐聚反应 乙烯齐聚反应的主要产物是高碳烯烃和高碳醇。

乙烯在 80～120℃，20MPa 下逐步齐聚，然后再改变条件为温度 245～300℃，0.7～2.0MPa，乙烯再把齐聚分子段置换出来形成链状烯烃分子。

齐聚反应 $Al(C_2H_5)_3+nCH_2=CH_2 \longrightarrow AlR^1R^2R^3\cdots$

置换反应 $AlR^2R^3CH_2CH_2R^1+CH_2=CH_2 \longrightarrow AlR^2R^3CH_2CH_3+CH_2=CHR^1$

二、乙烯的生产工艺

烃类热裂解反应极其复杂，即使是单一组分的原料也会得到十分复杂的产物。例如乙烷裂解的产物有氢、甲烷、乙烯、丙烯、丁烯、丁二烯、芳烃、碳五以上组分以及未反应的乙烷等。本部分内容主要介绍生成乙烯的有关流程。

1. 烷烃热裂解的一次反应

一次反应即由原料烃类热裂解生成乙烯和丙烯的反应。因为这是生成目的产物的反应，所以被确定为主反应。

$$C_nH_{2n+2} \longrightarrow C_xH_{2x+2}+C_yH_{2y}$$

一般情况下，$x<y$，即产物中较大的一个分子为烯烃，较小的一个分子为烷烃。大分子产物能进一步断链，断链的位置在对称中心或对称中心附近的 C—C 链处。

2. 工艺流程框图

热裂解法生产乙烯的工艺流程框图见图 8-2。

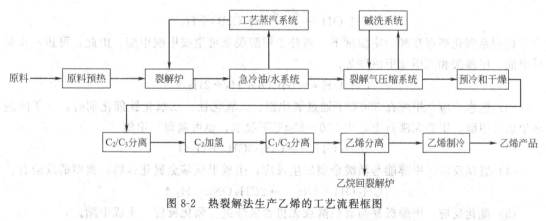

图 8-2 热裂解法生产乙烯的工艺流程框图

3. 工艺流程简述

原料经过预热进入裂解炉，裂解后产生的高温裂解气进入到急冷油/水系统进行冷却。工艺水通过急冷油/水加热产生的蒸汽回到裂解炉。降温后的裂解气进入压缩系统，裂解气中的水和重组分被冷凝下来。同时通过碱洗系统，除去酸性组分 CO_2 和 H_2S。来自裂解气压缩机的裂解气经预冷冷却到所需温度，再通过干燥使水的含量降至所需的露点。再通过脱乙烷，实现 C_2/C_3 的分离。C_2 及 C_2 以下轻组分通过加氢将乙炔转化成乙烯和乙烷，再进行 C_1/C_2 的分离，得到的乙烷回到裂解炉，乙烯制冷后得到乙烯产品。

第三节 甲 醇

在有机合成工业中，甲醇是仅次于乙烯、丙烯和芳烃的重要基础原料，广泛用于生产塑料、合成纤维、合成橡胶、农药、医药、燃料和油漆工业。目前甲醇主要的应用领域是生产甲醛，其用量约占总量的一半以上。甲醇也可用作溶剂和萃取剂。目前，以甲醇为原料生产烯烃和汽油已实现工业化。工业上生产甲醇曾有很多的方法，目前主要采用合成气为原料的化学合成法。

一、甲醇的性质

1. 物理性质

甲醇分子式为 CH_3OH，相对分子质量为 32.04。在常压室温下，甲醇为无色透明、易挥发、易燃烧的中性液体。甲醇蒸气与空气可形成爆炸性气体。甲醇与水及大部分有机溶剂能以任何比例互溶形成甲醇水溶液。甲醇能溶解多种树脂，因此是一种良好的溶剂，但不能溶解脂肪。甲醇具有很强的毒性。

2. 化学性质

甲醇是最简单的饱和脂肪醇，它是由 1 个甲基和 1 个羟基组成。化学性质很活泼，既具有羟基的特性，又具有烷基的特性，反应主要发生在羟基上。主要的化学性质如下。

(1) 氧化反应　在一定条件下，甲醇不完全氧化成甲醛和水，这是工业上制取甲醛的主要反应之一。

$$CH_3OH+1/2O_2 \longrightarrow HCHO+H_2O$$

(2) 脱氢反应　在金属催化剂存在下，甲醇气相脱氢生成甲醛，这也是工业上制取甲醛的基本反应之一。

$$CH_3OH \xrightarrow{\text{金属催化剂}} HCHO+H_2$$

在铜系催化剂存在和一定温度下，两分子甲醇脱氢可生成甲酸甲酯。由此，可进一步制得甲酸、甲酰胺和二甲基甲酰胺等。

$$2CH_3OH \Longleftrightarrow HCOOCH_3+2H_2 \uparrow$$

(3) 脱水反应　甲醇在 350℃ 下通过氧化铝、二氧化钍、二氧化钛催化剂时，分子间脱水生成二甲醚。甲醇在沸石上，于 250～350℃ 下脱水，也可制得二甲醚。

$$2CH_3OH \longrightarrow CH_3OCH_3+H_2O$$

(4) 置换反应　甲醇能与活泼金属发生反应，生成甲氧基金属化合物，典型的反应有：

$$2CH_3OH+2Na \longrightarrow 2CH_3ONa+H_2 \uparrow$$

(5) 酯化反应　甲醇极易与有机酸或无机含氧酸进行酯化反应，生成甲酯。

甲醇和硫酸发生酯化反应生成硫酸氢甲酯，硫酸氢甲酯经加热减压蒸馏生成重要的甲基化试剂硫酸二甲酯：

$$CH_3OH+H_2SO_4 \longrightarrow CH_3OSO_2OH+H_2O$$

$$2CH_3OSO_2OH \longrightarrow CH_3OSO_2OCH_3+H_2SO_4$$

甲醇和硝酸作用生成硝酸甲酯：

$$CH_3OH+HNO_3 \longrightarrow CH_3NO_3+H_2O$$

甲醇与甲酸在没有催化剂的存在下，能直接酯化，生成甲酸甲酯。

$$CH_3OH+HCOOH \longrightarrow HCOOCH_3+H_2O$$

（6）羰基化反应　甲醇和光气发生羰基化反应生成氯甲酸甲酯，进一步反应生成碳酸二甲酯：

$$CH_3OH+COCl_2 \longrightarrow CH_3OCOCl+HCl$$
$$CH_3OCOCl+CH_3OH \longrightarrow (CH_3O)_2CO+HCl$$

在压力 65MPa，温度 250℃下，以碘化钴作催化剂；或在压力 3MPa，温度 160℃下，以碘化铑作催化剂，甲醇和 CO 发生羰基化反应生成醋酸或醋酸酐：

$$2CH_3OH+CO \longrightarrow CH_3COOHCH_3OH$$
$$2CH_3OH+CO \longrightarrow (CH_3CO)_2O+H_2O$$

在压力 3MPa、温度 130℃下，以 CuCl 作催化剂，甲醇和 CO、氧气发生氧化羰基化反应生成碳酸二甲酯：

$$2CH_3OH+CO+1/2O_2 \longrightarrow (CH_3CO)_2CO+H_2O$$

在碱催化剂作用下，甲醇和 CO_2 发生羰基化反应生成碳酸二甲酯：

$$2CH_3OH+CO_2 \longrightarrow (CH_3CO)_2CO+H_2O$$

（7）氨化反应　在压力 5～20MPa，温度 370～420℃下，以活性氧化铝或分子筛作催化剂，甲醇和氨发生反应生成一甲胺、二甲胺和三甲胺的混合物，经精馏分离可得一甲胺、二甲胺和三甲胺产品。

$$CH_3OH+NH_3 \longrightarrow CH_3NH_2+H_2O$$
$$2CH_3OH+NH_3 \longrightarrow (CH_3)_2NH+2H_2O$$
$$3CH_3OH+NH_3 \longrightarrow (CH_3)_3N+3H_2O$$

（8）氯化反应　甲醇和氯化氢在 ZnO/ZrO 催化剂作用下发生氯化反应生产一氯甲烷：

$$CH_3OH+HCl \xrightarrow{ZnO/ZrO} CH_3Cl+H_2O$$

一氯甲烷和氯化氢在 $CuCl_2/ZrO_2$ 催化剂作用下进一步发生氧氯化反应生产二氯甲烷和三氯甲烷：

$$CH_3Cl+HCl+1/2O_2 \longrightarrow CH_2Cl_2+H_2O$$
$$CH_2Cl_2+HCl+1/2O_2 \longrightarrow CHCl_3+H_2O$$

（9）缩合反应　甲醇能与醛类发生缩合反应，生成甲缩醛或醚，例如：

$$2CH_3OH+HCHO \longrightarrow CH_3OCH_2OCH_3+H_2O$$
$$CH_3OH+(CH_3)_3CHO \longrightarrow (CH_3)_3COCH_3+H_2O$$

（10）烷基化反应　甲醇作为烷基化试剂的研究开发，包括碳烷基化、氮烷基化、氧烷基化、硫烷基化等，如：

甲醇与甲苯侧链烷基化生成乙苯，进一步脱氢可生成苯乙烯：

$$CH_3OH+PhCH_3 \longrightarrow PhCH_2CH_3+H_2O \longrightarrow PhCH{=}CH_2$$

甲醇与甲苯在择形催化剂合成二甲苯：

$$CH_3OH+PhCH_3 \longrightarrow Ph(CH_3)_2+H_2O$$

甲醇与苯酚在磷酸盐催化剂作用下生成 2,6-二甲基苯酚：

$$2CH_3OH+PhOH \longrightarrow (CH_3)_2PhOH+2H_2O$$

甲醇与苯胺反应生成 *N*-甲基苯胺及 *N*,*N*-二甲基苯胺：

$$CH_3OH+PhNH_2 \longrightarrow PhNHCH_3+H_2O$$
$$2CH_3OH+PhNH_2 \longrightarrow PhN(CH_3)_2+2H_2O$$

二、甲醇的生产工艺

工业上生产甲醇曾有过许多方法，目前主要是采用合成气（CO＋H₂）为原料的化学合成法。

1. 主、副反应

一氧化碳加氢可发生许多复杂的化学反应。

（1）主反应

$$CO+2H_2 \Longleftrightarrow CH_3OH$$

当反应物中有二氧化碳存在时，二氧化碳按下列反应生产甲醇：

$$CO_2+H_2 \Longleftrightarrow CO+H_2O$$
$$CO+2H_2 \Longleftrightarrow CH_3OH$$

两步反应的总反应式为：　　$CO_2+3H_2 \Longleftrightarrow CH_3OH+H_2O$

（2）副反应　又可分为平行副反应和连串副反应。

① 平行副反应

$$CO+3H_2 \Longleftrightarrow CH_4+H_2O$$
$$2CO+2H_2 \Longleftrightarrow CO_2+CH_4$$
$$4CO+8H_2 \Longleftrightarrow C_4H_9OH+3H_2O$$
$$2CO+4H_2 \Longleftrightarrow CH_3OCH_3+H_2O$$

当有金属铁、钴、镍等存在时，还可能发生生碳反应。

$$2CO \longrightarrow CO_2+C$$

② 连串副反应

$$2CH_3OH \Longleftrightarrow CH_3OCH_3+H_2O$$
$$CH_3OH+nCO+2nH_2 \Longleftrightarrow C_nH_{2n+1}CH_2OH+nH_2O$$
$$CH_3OH+nCO+2(n-1)H_2 \Longleftrightarrow C_nH_{2n+1}COOH+(n-1)H_2O$$

这些副反应的产物还可以进一步发生脱水、缩合、酰化或酮化等反应，生产烯烃、脂类、酮类等副产物。当催化剂中含有碱类时，这些化合物的生成更快。

2. 工艺流程框图

由于低压法甲醇合成技术经济指标先进，现在世界各国甲醇合成已广泛采用了低压合成法，图 8-3 为低压法甲醇合成工艺流程。

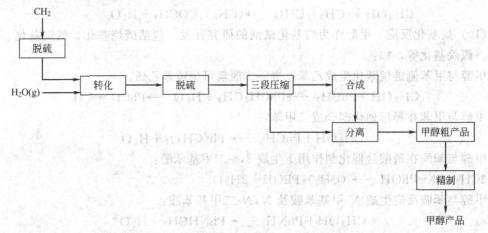

图 8-3　低压法甲醇合成工艺流程

3. 工艺流程简述

天然气经脱硫、水蒸气转化后得到合成气（CO+H₂），再经换热脱硫，进入合成压缩机（三段）压缩，与循环气混合增压后进入合成反应器进行合成反应。由合成反应器出来的甲醇气体经分离得到甲醇与气体。气体作为循环气回到循环压缩机。反应产物甲醇粗产品经过精制，得到甲醇产品。

第四节　醋　　酸

醋酸学名乙酸，是一种重要的有机化工原料，在有机酸中产量最大。醋酸的最大用途是生产醋酸乙烯酯，其次是用于生产醋酸纤维素、醋酐、醋酸酯，并可用做对二甲苯生产。此外，纺织、涂料、医药、农药、照相试剂、染料、食品、黏结剂、化妆品、皮革等行业的生产都离不开醋酸。

现代工业生产方法主要有三种，即乙醛氧化法、丁烷或轻油液相氧化法和甲醇羰基化法。目前除少数国家仍有采用丁烷或轻油氧化法外，乙醛氧化法与甲醇羰基化法已成为醋酸生产的主要方法。乙醛氧化法具有工艺简单、技术成熟、收率高、成本较低等特点，是目前国内生产醋酸的主要生产方法。

一、醋酸的性质

1. 物理性质

醋酸分子式为 CH_3COOH，相对分子质量 60.05。醋酸是最重要的低级脂肪族一元羧酸。醋酸是无色透明液体，具有刺激性醋味，具有腐蚀性。其沸点为 391.3K，凝固点为289.9K，冬季纯醋酸会凝固成像冰一样的固体，所以，纯醋酸又称为冰醋酸。醋酸能与水、醇、苯等以任何比例混合。

2. 化学性质

醋酸是典型的一价弱酸，能进行羧酸的典型反应。羧基的反应包括生成盐和酰氯，酯化，热解，还原以及生成酰胺、腈和胺等。主要的化学反应如下。

（1）盐的生成　醋酸能直接与一些金属元素、金属氧化物和氢氧化物反应生成醋酸盐，与铅一类的金属还能生成碱式醋酸盐。某些金属的醋酸盐能溶于醋酸，与一个或多个醋酸分子结合形成醋酸的酸式盐。

$$CH_3COOH + MOH \longrightarrow RCOO^- M^+ + H_2O \quad (M=Li,Na,K,NH_4,R_4N \text{ 等})$$

（2）光氯化反应　醋酸在光照下就能与氯气发生光氯化反应，生成 α-氯代醋酸。氯原子对乙酸 α-H 的取代有类似于自由基连锁反应，可发生多个氯原子的取代衍生物。

$$CH_3COOH + Cl_2 \xrightarrow{\text{光照}} CH_2ClCOOH \xrightarrow{Cl_2} CHCl_2COOH \xrightarrow{Cl_2} CCl_3COOH$$

（3）还原反应　醋酸在高温、高压、催化剂的作用下，催化加氢可以得到乙醇。

$$CH_3COOH + \xrightarrow{\text{高压,高温,催化剂}} CH_3CH_2OH$$

（4）酰氯的生成　醋酸与 PCl_3、$SOCl_2$、$(COCl)_2$、$COCl_2$ 作用可得酰氯。
与亚硫酰氯的反应可表示如下：

$$CH_3COOH + SOCl_2 \longrightarrow CH_3COCl + SO_2 + HCl$$

醋酸酰氯性质活泼，可用于制备酰胺和酯。
醋酸与苯甲酰氯反应得乙酰氯。

$$PhCOCl + CH_3COOH \longrightarrow CH_3COCl + PhCOOH$$

(5) 与氨和胺的反应　与氨反应生成乙酰胺。

$$NH_3 + CH_3COOH \longrightarrow CH_3CONH_2 + H_2O$$

$$RNH_2 + CH_3COOH \longrightarrow CH_3CONHR + H_2O$$

(6) 酯化反应

① 与醇类的酯化反应。几乎所有的醋酸酯都可以由醇和醋酸直接反应制备，但醋酸乙酯和醋酸甲酯的工业生产则例外，乙酸甲酯已经能从甲醇羰基化或甲醇脱氢来制备，乙醛经季申科反应可制取乙酸乙酯；低级烃类液相氧化生产乙酸的副产物，亦可分离乙酸乙酯。

$$2CH_3CHO \longrightarrow CH_3COOC_2H_5$$

酯化反应过程生产等量的水。在无催化剂条件下，水的存在使酯化反应减缓，所有酯化反应常常需要 2～5 倍的过量醋酸来稀释水，用共沸蒸馏的方法脱除生产水，共沸蒸馏用溶剂有脂肪烃、苯、甲苯和环己烷，根据不同的醇类酯化反应来选择。

$$CH_3COOH + ROH \Longrightarrow CH_3COOR + H_2O$$

无机酸和有机酸，如高氯酸、磷酸、硫酸、苯磺酸、甲烷磺酸和三氟乙酸等，都可用作醇类酯化的催化剂。亦可用酸性离子交换树脂作催化剂，但不常用。

② 与不饱和烃的酯化反应。烯烃与无水醋酸作用可得到乙酸酯，通常是仲醇或叔醇类的乙酸酯，如丙烯可得乙酸异丙酯；异丁烯则得乙酸叔丁酯，少量水也能抑制这类反应。

烯烃在贵金属催化剂存在时，经氧化和酯化反应能生成不饱和酯，如和乙烯、氧通过钯-金催化剂时即生成乙酸乙烯酯。

$$CH_2=\!\!=\!\!CH_2 + 1/2O_2 + CH_3COOH \xrightarrow{\text{钯-金催化剂}} CH_2=\!\!=\!\!CHOOCCH_3 + H_2O$$

丁二烯、丙烯和其他不饱和烃都可进行类似的反应。

改变工艺条件或催化剂，可以制备乙二醇二乙酸酯。例如，用二氧化碲和氢溴酸为催化剂进行氧化和酯化时即生成乙二醇二乙酸酯，后者可热解为乙酸乙烯酯。

$$CH_2=\!\!=\!\!CH_2 + 1/2O_2 + 2CH_3COOH \longrightarrow CH_3COOCH_2CH_2OOCCH_3 + H_2O$$

③ 与甲醛的醇醛缩合反应。以硅铝酸钙钠或负载氢氧化钾的硅胶为催化剂时，醋酸与甲醛缩合得丙烯酸。

$$CH_3COOH + HCHO \xrightarrow{\text{硅铝酸钙钠或负载氢氧化钾的硅胶}} CH_2=\!\!=\!\!CHCOOH + H_2O$$

二、醋酸的生产工艺

以重金属醋酸盐为催化剂，乙醛在常压或加压下与氧气或空气进行液相氧化反应生成醋酸。

1. 主、副反应

(1) 主反应

$$CH_3CHO + 1/2O_2 \longrightarrow CH_3COOH$$

(2) 副反应

$$CH_3CHO + O_2 \longrightarrow CH_3COOOH(\text{过氧乙酸})$$

$$CH_3COOH \longrightarrow CH_3OH + CO$$

$$CH_3OH + O_2 \longrightarrow HCOOH + H_2O$$

$$CH_3COOH + CH_3OH \longrightarrow CH_3COOCH_3 + H_2O$$

$$3CH_3CHO + O_2 \longrightarrow CH_3CH(OCOCH_3)_2 + H_2O$$

（二醋酸亚乙酯）

$$CH_3CH(OCOCH_3)_2 \longrightarrow (CH_3CO)_2O + CH_3CHO$$

（醋酸酐）

所以，主要副产物有甲酸、醋酸甲酯、甲醇、二氧化碳等。

2. 工艺流程框图

醋酸的生成主要采用乙醛氧化，图 8-4 所示为乙醛氧化生产醋酸工艺流程。

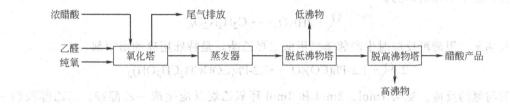

图 8-4　乙醛氧化生产醋酸工艺流程

3. 工艺流程简述

含有醋酸锰的浓醋酸、乙醛、纯氧进入氧化塔反应生成粗醋酸。氧化塔中未反应的乙醛及酸雾排空。粗醋酸连续进入蒸发器，通过闪蒸除去一些难挥发性物质。而醋酸、水、醋酸甲酯、醛等易挥发的液体，加热气化后进入脱低沸物塔中。在脱低沸物塔中分离除去沸点低于醋酸的物质。脱去低沸物后的醋酸液进入脱高沸物塔中，脱去高沸点物，得到纯度高的醋酸产品。

第五节　环　氧　乙　烷

环氧乙烷又称氧化乙烯，是一种重要的石油化工产品。环氧乙烷的主要用途是作有机合成的中间体和原料。以环氧乙烷为原料可合成的产品包括溶剂、增韧剂和增塑剂等。环氧乙烷的直接用途主要作消毒剂及熏蒸剂。

工业上生产环氧乙烷技术包括氯醇法和乙烯直接氧化法。目前，世界上几乎全部采用乙烯直接氧化法技术。由于氧化剂不同，又将其分为空气法和氧气法。

一、环氧乙烷的性质

1. 物理性质

环氧乙烷分子式为 C_2H_4O，相对分子质量 44.05。环氧乙烷在常温下为无色、具有醚味的气体，低温时冷凝为无色透明的流动性液体，有毒。能与水、酒精和乙醚以及许多其他有机溶剂以任意比例互溶，其蒸汽能燃烧和爆炸。

2. 化学性质

环氧乙烷化学性质极为活泼，易开环反应，能与许多化合物进行加成反应。其中包括水、醇、酚、卤化氢、烷基卤化物、硫醇和格氏试剂等，许多反应产物是重要化工产品。

（1）与含有可取代氢原子化合物的反应

① 与水反应。环氧乙烷水合生产乙二醇，是工业生产乙二醇的方法。

$$\overset{O}{\underset{\triangle}{\,}} + H_2O \xrightarrow{H^+} HOCH_2CH_2OH$$

② 与醇类的反应。和水的反应基本相似，主要产物是乙二醇单醚。例如：

$$\triangle\!\!\!\!O + C_2H_5OH \xrightarrow{H^+} CH_3CH_2OCH_2CH_2OH$$

③ 与苯酚的反应。环氧乙烷和苯酚反应生产苯氧基乙醇。

$$\triangle\!\!\!\!O + PhOH \xrightarrow{H^+} PhOCH_2CH_2OH$$

④ 与无机酸和有机酸的反应。在无机酸中以硝酸的反应最为重要，反应产物是 HNO_3，是能在低温下引爆的炸药。

$$\triangle\!\!\!\!O + 2HNO_3 \longrightarrow C_2H_4N_2O_6$$

与邻苯二甲酸酐反应时生产邻苯二甲酸二羟乙酯，是特殊用途的增塑剂。

$$2\,\triangle\!\!\!\!O + 1,2\text{-}Ph(CO)_2O \longrightarrow 1,2\text{-}Ph(COOCH_2CH_2OH)_2$$

⑤ 与氨的反应。氨与 1mol、2mol 和 3mol 环氧乙烷反应生成一乙醇胺、二乙醇胺和三乙醇胺。

$$\triangle\!\!\!\!O + NH_3 \longrightarrow HOCH_2CH_2NH_2$$

$$2\,\triangle\!\!\!\!O + NH_3 \longrightarrow (HOCH_2CH_2)_2NH$$

$$3\,\triangle\!\!\!\!O + NH_3 \longrightarrow (HOCH_2CH_2)_3N$$

通常所得是三者的混合物，三者的比例取决于反应物的摩尔比，一般用过量的氨有利于生成一乙醇胺。

⑥ 与硫化氢和硫醇的反应。环氧乙烷与硫化氢反应时生成巯基乙醇和硫代二甘醇。后者是一种重要溶剂，产物比例取决于反应条件和反应物比例。

$$\triangle\!\!\!\!O + H_2S \longrightarrow HOCH_2CH_2SH$$

$$2\,\triangle\!\!\!\!O + H_2S \longrightarrow HOCH_2CH_2SCH_2CH_2OH$$

3mol 环氧乙烷与 1mol 硫化氢在水溶液中作用生成氢氧化三羟乙基锍，是一种强碱。

环氧乙烷与长链烷烃硫醇反应生成聚乙氧基硫醇，是一类非离子型洗涤剂。

⑦ 与氰化氢的反应

$$\triangle\!\!\!\!O + HCN \longrightarrow HOCH_2CH_2CN$$

$$HOCH_2CH_2CN \longrightarrow CH_2=CHCN + H_2O$$

(2) 聚合反应　这是环氧乙烷重要的一类反应，但聚合物不含环氧化乙烷单元，所以聚合物实际上是聚乙二醇。

$$n\,\triangle\!\!\!\!O \longrightarrow (OCH_2CH_2 \cdot OCH_2CH_2 \cdot OCH_2CH_2 \cdot OCH_2CH_2\cdots)$$

(3) 还原与氧化　环氧乙烷可用钠汞齐或镍催化剂还原为乙醇，但环氧乙烷的还原反应并无工业意义。

$$\triangle\!\!\!\!O \xrightarrow{\text{钠汞齐或镍催化剂}} CH_3CH_2OH$$

环氧乙烷氧化的最终产品是二氧化碳，但用铂黑催化剂进行控制氧化时可以生成乙醇酸。

$$\triangle\!\!\!\!O + O_2 \xrightarrow{\text{铂黑催化剂}} HOCH_2COOH$$

（4）与格氏试剂的反应 环氧乙烷与格氏试剂反应时可以生成比原来烷基多两个碳原子的醇，这是实验室增长碳链的一种方法，在有机合成中具有重要意义。

$$\text{O} + RMgX \longrightarrow RCH_2CH_2OMgX \xrightarrow{H_2O} RCH_2CH_2OH$$

二、环氧乙烷的生产工艺

生产环氧乙烷的工艺以最为广泛应用的乙烯直接氧化为例。

1. 主、副反应

乙烯在银催化剂气相氧化发生反应。

（1）主反应

$$CH_2{=}CH_2 + 1/2O_2 \longrightarrow \text{O}$$

（2）副反应

$$CH_2{=}CH_2 + 3O_2 \longrightarrow 2CO_2 + 2H_2O$$

$$\text{O} + 5/2O_2 \longrightarrow 2CO_2 + 2H_2O$$

$$CH_2{=}CH_2 + 1/2O_2 \longrightarrow CH_3CHO$$

$$CH_2{=}CH_2 + O_2 \longrightarrow 2HCHO$$

$$\text{O} \longrightarrow CH_3CHO$$

2. 工艺流程图

乙烯直接氧化生产环氧乙烷的工艺流程框图如图8-5。

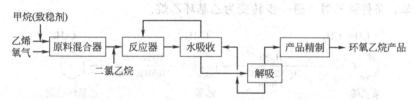

图8-5 乙烯直接氧化生产环氧乙烷的工艺流程框图

3. 工艺流程简述

原料乙烯与致稳剂甲烷、氧气在原料混合器中混合均匀达到安全组成。再加入微量抑制剂二氯乙烷，进入到反应器中进行反应。反应后气体进入吸收塔，用水作为吸收剂进行吸收。吸收反应生成环氧乙烷。未被吸收的气体中含有许多未反应的乙烯，其大部分返回反应器循环使用。从吸收塔底部排出的环氧乙烷水溶液进入解吸塔，产物环氧乙烷通过汽提从水溶液中解吸出来。解吸出来的环氧乙烷、水蒸气及轻组分再通过精制，得到环氧乙烷产品。解吸塔釜液回到吸收塔作为环氧乙烷吸收塔的吸收剂。

第六节 苯 乙 烯

苯乙烯是不饱和芳烃最简单、最重要的成员，广泛用作生产塑料和合成橡胶的原料。如结晶型苯乙烯、橡胶改性抗冲聚苯乙烯、丙烯腈-丁二烯-苯乙烯三聚体（ABS）、苯乙烯-丙烯腈共聚体（SAN）、苯乙烯-顺丁烯二酸酐共聚体（SMA）和丁苯橡胶（SBR）。

苯乙烯是1827年由M. Bonastre蒸馏一种天然香脂——苏合香时发现的。1930年美国道化学公司首创由乙苯热脱氢法生产苯乙烯工艺，但因当时精馏技术问题而未实现工业化。

直到 1937 年道化学公司和 BASF 公司解决精馏技术问题，获得高纯度苯乙烯单体并聚合稳定、透明、无色塑料。生产苯乙烯工艺发展到现在，除了传统的苯和乙烯烷基化生成乙苯进而脱氢的方法外，出现了 Halson 乙苯共氧化联产苯乙烯和环氧丙烷工艺、Mobil/Badger 乙苯气相脱氢工艺等新的工业生成路线，同时积极探索以甲苯和裂解汽油等原料路线。迄今工业上乙苯直接脱氢法生成的苯乙烯占世界总生产能力的 90%。

一、苯乙烯的性质

1. 物理性质

苯乙烯分子式为 C_8H_8，相对分子质量 104.14。苯乙烯又名乙烯基苯，是无色油状液体，沸点在标准状况下为 418K，凝固点为 242.6K。难溶解于水，能溶于甲醇、乙醇及乙醚等溶剂。在高温下容易裂解和燃烧。与空气能形成爆炸混合物。

2. 化学性质

苯乙烯具有乙烯基烯烃的性质，反应性能极强，如氧化、还原、氯化等反应均可进行，并能与卤化氢发生加成反应。苯乙烯暴露于空气中，易被氧化成醛、酮类。苯乙烯易自聚生成聚苯乙烯（PS）树脂。也易与其他含双键的不饱和化合物共聚。具有和烯烃很多相似的性质。

烯基苯侧链含有双键，它既能发生双键特有的加成反应，又能进行环上的取代反应。由于苯环的稳定性，反应总是首先发生在侧链上。

（1）双键的加成 与苯环共轭的双键受苯环的影响，活性增加。例如苯乙烯在温和条件下转变成乙苯，条件强烈时，进一步转变为乙基环乙烷。

（2）聚合反应 苯乙烯易自聚生成聚苯乙烯（PS）树脂，因此存储时往往加热阻聚剂（如对苯二酚）。

苯乙烯与丁二烯共聚制取丁苯橡胶。丁苯橡胶耐磨，常用来制作汽车外胎。

二、苯乙烯的生产工艺

1. 主、副反应

（1）主反应

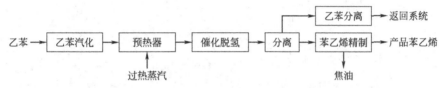

（2）副反应 在主反应进行的同时，还发生一系列副反应，生成苯、甲苯、甲烷、乙烷、烯烃、焦油等副产物。

$$C_6H_5C_2H_5 \longrightarrow C_6H_6 + C_2H_4$$

$$C_6H_5C_2H_5 + H_2 \longrightarrow C_6H_5CH_3 + CH_4$$

$$C_6H_5C_2H_5 + H_2 \longrightarrow C_6H_6 + C_2H_6$$

$$C_6H_5C_2H_5 \longrightarrow 8C + 5H_2$$

$$C_6H_5C_2H_5 + 16H_2O \longrightarrow 8CO_2 + 21H_2$$

为减少在催化剂上的积炭，需在反应器进料中加入高温水蒸气，从而发生下述反应：

$$C + 2H_2O \longrightarrow CO_2 + 2H_2$$

脱氢反应是 1mol 乙苯生产 2mol 产品，因此加入蒸汽也可降低苯乙烯在系统中的分压，有利于提高乙苯的转化率。

2. 工艺流程框图

图 8-6 所示为乙苯脱氢生产苯乙烯的工艺流程框图。

乙苯 → 乙苯汽化 → 预热器 → 催化脱氢 → 分离 → 乙苯分离 → 返回系统
分离 → 苯乙烯精制 → 产品苯乙烯
（过热蒸汽）（焦油）

图 8-6 乙苯脱氢生产苯乙烯的工艺流程框图

3. 工艺流程叙述

原料乙苯发生汽化，再进入预热器中通过过热蒸汽进行预热。预热后的乙苯通过催化脱氢得到脱氢气体，再通过冷凝得到脱氢液。脱氢液在乙苯蒸出塔中，将未反应的乙苯、副产物苯、甲苯与苯乙烯分离。分离得到的乙苯、苯和甲苯送入苯回收塔将乙苯与苯、甲苯分离，得到的乙苯可回系统作原料。粗苯乙烯通过精制，得到产品苯乙烯和焦油。

习　题

1. 什么叫基本有机合成工业？
2. 基本有机合成工业的原料主要来源有哪几种？
3. 乙烯的化学性质有哪些？
4. 热裂解法生产乙烯的反应原理是什么？
5. 热裂解法生产乙烯的工艺流程是什么？
6. 甲醇的化学性质有哪些？
7. 低压化学合成法生产甲醇的反应原理是什么？
8. 低压化学合成法生产甲醇的工艺流程是什么？
9. 醋酸的化学性质有哪些？
10. 乙醛氧化法生产醋酸的反应原理是什么？
11. 乙醛氧化法生产醋酸的工艺流程是什么？

12. 环氧乙烷的化学性质有哪些？
13. 乙烯直接氧化法生产环氧乙烷的反应原理是什么？
14. 乙烯直接氧化法生产环氧乙烷的工艺流程是什么？
15. 苯乙烯的化学性质有哪些？
16. 乙苯脱氢法生产苯乙烯的反应原理是什么？
17. 乙苯脱氢法生产苯乙烯的工艺流程是什么？

第九章　高分子化工产品生产

第一节　概　述

高分子化工是高分子化学工业的简称，为高分子化合物（简称高分子）及以其为基础的复合或共混材料的制备和成品制造工业。按材料和产品的用途分类，高分子化工包括的行业有塑料工业、合成橡胶工业、橡胶工业、化学纤维工业，也包括涂料工业和胶黏剂工业。由于原料来源丰富、制造方便、加工简易、品种多，并具有为天然产物所无或较天然产物更为卓越的性能，高分子化工已成为发展速度最快的化学工业部门之一。

高分子化工经历了对天然高分子的利用和加工、对天然高分子的改性、以煤化工为基础生产基本有机原料和以大规模的石油化工为基础生产烯烃和双烯烃为原料合成高分子 4 个阶段。高分子化工是新兴的合成材料工业。多数聚合物（或称树脂）需要经过成型加工才能制成产品。热塑性树脂的加工成型方法有挤出、注射成型、压延、吹塑和热成型等；热固性树脂加工的方法一般采用模压或传递模塑，也用注射成型。将橡胶制成橡胶制品需要经过塑炼、混炼、压延或挤出成型和硫化等基本工序。化学纤维的纺丝包括纺丝熔体或溶液的制备、纤维成形和卷绕、后处理、初生纤维的拉伸和热定型等。高分子合成工业的原料，在相当长的时间内，仍将以石油为主。在功能高分子材料方面，特别是在高分子分离膜、感光高分子材料、光导纤维、高分子液晶、超电导高分子材料、医用高分子材料、仿生高分子材料等方面的应用、研究、开发工作将更加活跃。

一、分类

高分子化工的产品为高分子化合物及以其为基础的复合或共混材料制品，品种非常多，作为用途广泛的材料，新产品层出不穷，更新换代迅速。

按功能分类，高分子可分为通用高分子和特种高分子。通用高分子是产量大、应用面广的高分子，主要有聚乙烯、聚丙烯、聚氯乙烯和聚苯乙烯、涤纶、锦纶、腈纶、维纶和丁苯橡胶、顺丁橡胶、异戊橡胶和乙丙橡胶。特种高分子包括工程塑料（能耐高温和能在较为苛刻的环境中作为结构材料使用的塑料，例如：聚碳酸酯、聚甲醛、聚砜、聚芳醚、聚芳酰胺、聚酰亚胺、有机硅树脂和氟树脂等）、功能高分子（具有光、电、磁等物理功能的高分子材料）、高分子试剂、高分子催化剂、仿生高分子、医用高分子和高分子药物等。

按材料和产品的用途分，有塑料、合成橡胶　合成纤维、橡胶制品、涂料和胶黏剂等。

近年来很重视高分子共混物、高分子复合材料等高性能产品的研究、开发和生产，诸如感光高分子材料；光导纤维；光致、电致或热致变色高分子材料；高分子液晶；具有电、磁性能的功能高分子；仿生高分子等。为了保护环境，生物降解高分子产品的研制也受到高度重视。

二、现状及趋势

高分子化工是一种新兴的合成材料工业。进入 21 世纪后，中国合成材料产业呈加速发展态势，取得了令世人惊叹的成绩。表 9-1 是 2005～2006 年中国合成材料工业累计工业总产值对比表。

表 9-1　2005～2006 年中国合成材料工业累计工业总产值对比表

年份	工业总产值/千元	销售收入/千元	利润总额/千元
2005	332040068	335085415	17817592
2006	335263987	333852575	5313594

　　高分子合成工业的原料，在今后相当长时期内，仍将以石油为主。过去对高分子的研究，着重于全新品种的发掘、单体的新合成路线和新的聚合技术的探索。目前，则以节能为目标，采用高效催化剂开发新工艺，同时从生产过程中工程因素考虑，围绕强化生产工艺（装置的大型化，工序的高速化、连续化）、产品的薄型化和轻型化以及对成型加工技术的革新等方面进行工作。值得注意的是，利用现有原料单体或聚合物，通过复合或共混，可以制取一系列具有不同特点的高性能产品。近年来，从事这一方面的开发研究日益增多，新的复合或共混产品不断涌现。军事技术、电子信息技术、医疗卫生以及国民经济各个领域迫切需要具有高功能、新功能的材料。在功能高分子材料方面，特别是在高分子分离膜、感光高分子材料、光导纤维、变色高分子材料（光致变色、电致变色、热致变色等）、高分子液晶、超电导高分子材料、光电导高分子材料、压电高分子材料、热电高分子材料、高分子磁体、医用高分子材料、高分子医药以及仿生高分子材料等方面的应用和研究工作十分活跃。

　　合成塑料、合成橡胶、合成纤维是重要的三大高分子合成材料。三大高分子合成材料主要品种见图 9-1。高分子合成材料的主要特点是原料来源丰富；用化学合成方法进行生产；品种繁多；性能多样化，某些性能远优于天然材料，可适应现代科学技术、工农业生产以及国防工业的特殊要求；并且加工成型方便，可制成各种形状的材料与制品，因此，高分子合成材料已成为近代技术部门中不可缺少的材料。

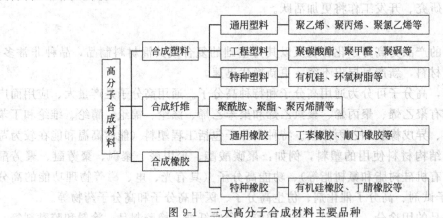

图 9-1　三大高分子合成材料主要品种

第二节　合成塑料

　　塑料是以合成树脂或化学改性的天然高分子为主要成分，再加入填料、增塑剂和其他添加剂制得。

　　通常按合成树脂的特性分为热固性塑料和热塑性塑料。加热后软化，形成高分子熔体的塑料称为热塑性塑料。主要的热塑性塑料有聚乙烯（PE）、聚丙烯（PP）、聚苯乙烯（PS）、聚甲基丙烯酸甲酯（PMMA，俗称有机玻璃）、聚氯乙烯（PVC）、聚碳酸酯（PC）、聚氨酯（PU）、聚四氟乙烯（特富龙，PTFE）、聚对苯二甲酸乙二醇酯（PET）。加热后固化，形成交联的不熔结构的塑料为热固性塑料。常见的有环氧树脂、酚醛塑料、聚酰亚胺、三聚氰胺甲醛树脂等。

按用途分为通用塑料和工程塑料。通用塑料产量大，生产成本低，性能多样化，主要用来生产日用品或一般工农业用材料。例如聚氯乙烯塑料可制成人造革、塑料薄膜、泡沫塑料、耐化学腐蚀用板材、电缆绝缘层等。工程塑料，产量不大，成本较高，但具有优良的机械强度或耐摩擦、耐热、耐化学腐蚀等特性。可作为工程材料，制成轴承、齿轮等机械零件以代替金属、陶瓷等。

绝大多数塑料制造的第一步是合成树脂的生产（由单体聚合而得），然后根据需要，将树脂（有时加入一定量的添加剂）进一步加工成塑料制品。有少数品种（如有机玻璃）其树脂的合成和塑料的成型是同时进行的。

一、聚乙烯

聚乙烯是半结晶热塑性材料，是聚烯烃中产量最大的一个品种，是由乙烯聚合而成的聚合物。它们的化学结构、分子量、结晶度和其他性能在很大程度上均依赖于使用的聚合方法。聚合方法决定了支链的类型和支链度。结晶度取决于聚合物的化学结构和加工条件。聚乙烯产品有高压低密度聚乙烯（LDPE）、中密度聚乙烯（MDPE）、低压高密度聚乙烯（HDPE）、线型低密度聚乙烯（LLDPE）、超高分子量聚乙烯（UHMWPE）、改性聚乙烯（CPE）、交联聚乙烯（PEX）等。

聚乙烯无臭，无毒，手感似蜡，具有优良的耐低温性能（最低使用温度可达$-100 \sim -70℃$），化学稳定性好，能耐大多数酸碱的侵蚀（不耐具有氧化性质的酸），常温下不溶于一般溶剂，吸水性小，但由于其为线性分子，可缓慢溶于某些有机溶剂，且不发生溶胀，电绝缘性能优良；但聚乙烯对于环境应力（化学与机械作用）是很敏感的，耐热老化性差。

聚乙烯用途十分广泛，主要用来制造薄膜、容器、管道、单丝、电线电缆、日用品等，并可作为电视、雷达等的高频绝缘材料。随着石油化工的发展，聚乙烯生产得到迅速发展，产量约占塑料总产量的1/4。

1. 生产原理

聚乙烯（PE）是塑料的一种，人们常常使用的方便袋就是聚乙烯材料制成的。聚乙烯是结构最简单的高分子，也是应用最广泛的高分子材料。它是由重复的—CH_2—单元连接而成的。聚乙烯是通过乙烯（$CH_2 = CH_2$）的加成聚合而成的。其反应方程式为：

$$nCH_2 = CH_2 \longrightarrow \dashleftarrow CH_2 - CH = CH - CH_2 \dashrightarrow_n \tag{9-1}$$

聚乙烯的性能取决于它的聚合方式。在中等压力（$15 \sim 30atm$）、有机化合物催化条件下聚合而成的是高密度聚乙烯（HDPE）。这种条件下聚合的聚乙烯分子是线性的，且分子链很长，分子量高达几十万。如果是在高压力（$100 \sim 300MPa$）、高温（$190 \sim 210℃$）、过氧化物催化条件下自由基聚合，生产出的则是低密度聚乙烯（LDPE），它是支化结构的。

2. 聚乙烯生产工艺

（1）低密度聚乙烯生产工艺　高压低密度聚乙烯生产流程如图 9-2 所示。乙烯原料与低压分离器的循环乙烯及分子量调节剂混合后，由压缩机升压后再与高压分离器的循环乙烯混合进行二次压缩至要求压力，冷却后进入聚合反应器，引发剂用高压泵送入，聚合后的物料经冷却后进入高压分离器，减压至要求，分离未反应的乙烯，经冷却脱去低聚合物后返回压缩机循环使用。聚乙烯则进入低压分离器减压，使残存的乙烯进一步分离循环使用。聚乙烯经挤出切粒、干燥、密炼、混合、造粒等制成粒状。

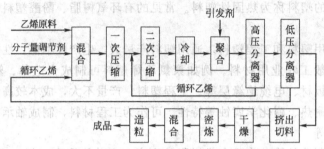

图 9-2 高压低密度聚乙烯的生产工艺流程

（2）高密度聚乙烯生产工艺 高密度聚乙烯生产工艺如图 9-3 所示。经纯化并压缩至要求压力的乙烯、氢气和催化剂加入流化床反应器中进行聚合反应，未反应的乙烯经反应器上部扩大段

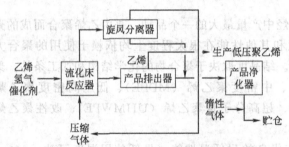

图 9-3 高密度聚乙烯生产工艺流程

后离开反应器，经过多级旋风分离器除去聚乙烯粉末，经冷却、压缩后循环使用。生成的聚乙烯在产品排出器中分离掉乙烯，再用惰性气体输送到产品净化器，除去夹带的乙烯，然后送至贮仓。

二、聚丙烯

聚丙烯（PP）是由丙烯单体聚合而形成的高分子聚合物，是一种通用合成塑料。它既可以用做单组分塑料，又可与聚乙烯等共混做为改性的复合塑料使用。与聚乙烯、聚氯乙烯和聚苯乙烯一样，聚丙烯属于热塑性塑料。

聚丙烯树脂具有许多优良的特性和加工性能，它透明度高、无毒性、相对密度小、易加工、抗冲击、强度高、耐化学腐蚀、抗挠曲性与电绝缘性好，并易于通过共聚、共混、填充、增强等工艺措施进行性能改进，使其能将韧性、挺性、耐热性等结合起来，因此它用途很广。加上原料来源广、价格低廉，使聚丙烯的应用范围日益扩大，目前，聚丙烯已被广泛应用到化工、化纤、建筑、轻工、家电、包装、农业、国防、交通运输、民用塑料制品等各个领域，可用来制作温室的气篷、地膜、食品袋、饮料包装瓶、用于拉制扁丝制成编织袋、家具等。在聚烯烃树脂中，是仅次于聚氯乙烯、聚乙烯的第三大塑料，在市场上占有越来越重要的地位。

目前，聚丙烯的生产工艺按聚合类型可分为溶液法、淤浆法、本体法和气相法和本体法-气相法组合工艺 5 大类。具体工艺主要有 BP 公司的气相 Innovene 工艺、Chisso 公司的气相法工艺、Dow 公司的 Unipol 工艺、Novolene 气相工艺、Sumitomo 气相工艺、Basell 公司的本体法工艺、三井公司开发的 Hypol 工艺以及 Borealis 公司的 Borstar 工艺等。

图 9-4 为本体法聚丙烯工艺流程图。

三、聚氯乙烯

聚氯乙烯（PVC）是由氯乙烯单体（VC）均聚或与其他多种单体共聚而制得

图 9-4 本体法生产聚丙烯工艺流程

的合成树脂，聚氯乙烯再配以增塑剂、稳定剂、高分子改性剂、填料、偶联剂和加工助剂，经过混炼、塑化、成型加工成各种材料。根据所选用树脂和加工助剂类和数量的不同，可以制造出硬质热塑性塑料、软质热塑性塑料、泡沫塑料、工程塑料、合成纤维、涂料等一系列性能迥然不同的制品。

聚氯乙烯是一种无毒、无臭的白色粉末。电绝缘性优良，一般不会燃烧，在火焰上能燃烧并放出 HCl，但离开火焰即自熄。聚氯乙烯具有阻燃、耐化学品性高、机械强度及电绝缘性良好的优点。但其耐热性较差，软化点为 80℃，于 130℃开始分解变色，并析出 HCl。主要用于生产透明片、管件、输血器材、软、硬管、板材、门窗、异型材、薄膜、电绝缘材料、电缆护套等。常见制品为板材、管材、鞋底、玩具、门窗、电线外皮、文具等。

在工业化生产 PVC 时，根据树脂的用途，一般采用四种聚合方式：悬浮法聚合、本体法聚合（含气相聚合）、乳液法聚合（含微悬浮法聚合）、溶液法聚合。悬浮法聚合是以其生产过程简单，便于控制及大规模生产，产品适宜性强，是 PVC 的主要生产方式，生产量约占总量的 80%。

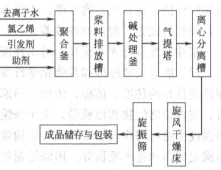

图 9-5　悬浮法生产聚氯乙烯工艺流程

聚氯乙烯悬浮法生产工艺流程如图 9-5 所示。先将去离子水用泵打入聚合釜中启动搅拌器，依次将分散剂溶液、引发剂及其他助剂加入聚合釜内。然后，对聚合釜夹套内通入蒸汽和热水，当聚合釜内温度升高至聚合温度后，改通冷却水，控制聚合温度不超过规定温度的±0.5℃。待釜内压力达要求时，可泄压出料，使聚合物膨胀。因为聚氯乙烯粒的疏松程度与泄压膨胀的压力有关，所以要根据不同要求控制泄压压力。未聚合的氯乙烯单体经泡沫捕集器排入氯乙烯气柜，循环使用。被氯乙烯气体带出的少量树脂在泡沫捕集器捕集下来，流至沉降池中，作为次品处理。

聚合物悬浮液送碱处理釜，用 NaOH 溶液处理，加入量为悬浮液的 0.05%~0.2%，用蒸汽直接加热至 70~80℃，维持 1.5~2.0h，然后用氮气吹气降温低于 65℃时，再送去过滤和洗涤。

先进行过滤，再用 70~80℃热水洗涤两次。经脱水后的树脂具有一定含水量，经螺旋输送器送入气流干燥管，以 140~150℃热风为载体进行第一段干燥，出口树脂含水量小于 4%；再送入以 120℃热风为载体的沸腾床干燥器中进行第二段干燥，得到含水量小于 0.3% 的聚氯乙烯树脂。再经筛分、包装后入库。

第三节　合成纤维

合成纤维是高分子材料的另外一个重要应用。是以小分子的有机化合物为原料，经加聚反应或缩聚反应合成的线型有机高分子化合物。工业生产的合成品种有：聚酯纤维（涤纶纤维）、聚丙烯腈纤维（腈纶纤维）、聚酰胺纤维（锦纶纤维或尼龙纤维）、聚乙烯醇缩甲醛纤维（维尼纶纤维）、聚丙烯纤维（丙纶纤维）、聚氯乙烯纤维（氯纶纤维）等。全世界范围内，以前面三种合成纤维产量最大，其产量约占合成纤维总量的 90%。

合成纤维与天然纤维相比较，它具有强度高、质轻、易洗快干、弹性好、不怕霉蛀等优点。缺点是不易着色，易产生静电荷，多数合成纤维吸湿性和透气差。所以，人们把它和天然纤维混纺，这样制成的混纺织物兼有两类纤维的优点，极受欢迎。除用作纺制各种衣料外，还可用作运输带、渔网、绳索、滤布和轮胎帘子线等。高性能特种纤维可用于国防和航空航天等领域。

一、聚酯纤维

聚酯纤维（PET）是由有机二元酸和二元醇缩聚而成的聚酯经纺丝所得的合成纤维。工业化大量生产的聚酯纤维是用聚对苯二甲酸乙二醇酯制成的，故习惯上称作聚酯纤维即指这种纤维。中国的商品名为涤纶，是当前合成纤维的第一大品种。

聚酯纤维的相对密度为 1.38；熔点 255～260℃，在 205℃时开始黏结，安全熨烫温度为 135℃；吸湿度很低，仅为 0.4%。涤纶有优良的耐皱性、弹性和尺寸稳定性，有良好的电绝缘性能，耐日光，耐摩擦，不霉不蛀，有较好的耐化学试剂性能。在室温下，有一定的耐稀强酸的能力，耐强碱性较差。

聚酯纤维具有许多优良的纺织性能和服用性能，用途广泛，可以纯纺织造，也可与棉、毛、丝、麻等天然纤维和其他化学纤维混纺交织，制成花色繁多、易洗易干、免烫和洗、可穿性能良好的仿毛、仿棉、仿丝、仿麻织物。聚酯纤维织物适用于男女衬衫、外衣、儿童衣着、室内装饰织物和地毯等。由于涤纶具有良好的弹性和蓬松性，也可用作絮棉。在工业上高强度涤纶可用作轮胎帘子线、运输带、消防水管、缆绳、渔网等，也可用作电绝缘材料、耐酸过滤布和造纸毛毯等。用涤纶制作无纺织布可用于室内装饰物、地毯底布、医药工业用布、絮绒、衬里等。

1. 生产原理

以对苯二甲酸二甲酯（DMT）和乙二醇（EG）为原料经酯化或酯交换和缩聚反应而制得的高聚物——聚对苯二甲酸乙二醇酯（PET），经纺丝和后处理制成。

2. 聚酯纤维生产工艺

PET 树脂的合成工艺路线有三种，即酯交换法、直接酯化法（也称直接缩聚法）和环氧乙烷法。下面主要介绍直缩法，其工艺流程如图 9-6 所示。

图 9-6 PET 树脂生产工艺流程

对苯二甲酸二甲酯（DMT）和乙二醇（EG）按一定摩尔比加入打浆罐，并同时计量催化剂及酯化和缩聚回收后的乙二醇。配制好的浆液用计量泵送入第一酯化釜进行酯化，再以压差送入第二酯化釜继续进行酯化。然后酯化产物以压差送入预缩聚釜进行预缩聚；预缩聚物再送入缩聚釜继续缩聚。缩聚产物经泵送入终缩聚釜进行到缩聚终点。PET 熔体直接纺丝或铸条冷却切粒。

二、聚酰胺纤维

聚酰胺纤维（PA）是用主链上含有酰胺键的高分子聚合物纺制的合成纤维。商品名为锦纶，也称为尼龙。聚酰胺纤维的主要品种是尼龙 66 和尼龙 6。尼龙 66 熔点 255～260℃，软化点约 220℃，尼龙 6 熔点 215～220℃，软化点约 180℃。两者的相对密度相同（1.14），许多其他性质也都类似，如强度高、回弹性好、耐磨性在纺织纤维中最高，耐多次变形性和耐疲劳性接近于涤纶，高于其他化学纤维，有良好的吸湿性，可以用酸性染料和其他染料直接染色。尼龙66和尼龙6的主要缺点是耐光和耐热性能较差，初始模量较低。尼龙66的耐热性和初始模量高于尼龙6。在聚合物中添加耐光剂和热稳定剂可以改善耐光和耐热性能。

聚酰胺纤维的用途很广，长丝可制做袜子、内衣、衬衣、运动衫、滑雪衫、雨衣等；短纤维可与棉、毛和黏胶纤维混纺，使混纺织物具有良好的耐磨性和强度。还可以用作尼龙搭扣带、地毯、装饰布等；在工业上主要用于制造帘子布、传送带、渔网、缆绳、篷帆等。

1. 聚酰胺66

聚酰胺66又称为尼龙66，是1938年由美国杜邦公司发明的，是当前最重要的合成纤维品种之一。

聚酰胺66用己二胺和己二酸为原料，先将己二胺和己二酸制成己二酰己二胺（简称66盐），再以66盐为中间体进行缩聚。66盐中的己二胺在反应中容易挥发，所以聚合时先在高压［约18atm（1atm=101325Pa）］下预聚，再在常压或真空下进行后缩聚。

聚合方式有间歇式和连续式两种。间歇式所用的主要设备为高压釜，优点是设备简单、产品更换比较灵活，适合于多品种和小批量生产，但生产效率低。一般多采用连续缩聚工艺，其工艺流程如图9-7所示。将一定浓度的66盐水溶液在混合

图9-7　聚酰胺66连续缩聚工艺流程

器内与分子量稳定剂（醋酸或己二酸）和消光剂（二氧化钛）等混合，通过预缩聚器使66盐转化为低聚物。然后进入闪蒸器，使水分蒸发，再进入后缩聚釜。物料在后缩聚釜内进一步排除水分，黏度控制在要求范围内。聚合物最后挤出、铸带、切粒、烘干。

2. 聚酰胺6

聚酰胺6又称为尼龙6，一般是由己内酰胺开环聚合制得。其工艺流程如图9-8所示。投料前先用氮气排除聚合管内的空气，再将熔融的己内酰胺过滤后，用计量泵送入反应器顶端，同时加入引发剂和分子量调节剂，物料由上而下在反应器内曲折流下。在反应器第一段，己内酰胺引发开环并初步聚合，经过第二段、第三段时，完成聚合反应。反应过程中的水分不断从反应器的顶部排出，物料在反应器

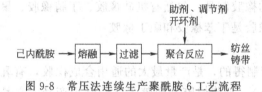

图9-8　常压法连续生产聚酰胺6工艺流程

内停留时间按生产要求停留，熔融高聚物可直接纺丝。

三、聚丙烯腈纤维

中国称腈纶，通常是指用85％以上的丙烯腈与第二单体和第三单体的共聚物，经湿法纺丝或干法纺丝制得的合成纤维。第二单体为含有酯氧基的化合物，第三单体常用含磺酸基团或羧甲基基团的单体或含碱性基团的单体。丙烯腈含量在35％～85％之间的共聚物纺丝制得的纤维称为改性聚丙烯腈纤维。

聚丙烯腈纤维的性能极似羊毛，有人造羊毛之称。腈纶纤维弹性较好，伸长20％时回弹率仍可保持65％，蓬松卷曲而柔软，保暖性比羊毛高15％。强度比羊毛高1～2.5倍。耐晒性能优良，露天曝晒一年，强度仅下降20％，可做成窗帘、幕布、篷布、炮衣等。能耐酸、耐氧化剂和一般有机溶剂，但耐碱性较差。纤维软化温度为190～230℃。

腈纶纤维具有柔软、膨松、易染、色泽鲜艳、耐光、抗菌、不怕虫蛀等优点，根据不同

的用途要求，可纯纺或与天然纤维混纺，其纺织品被广泛地用于服装、装饰、产业等领域。腈纶纤维主要作民用，可纯纺也可混纺，制成多种毛料、毛线、毛毯、人造毛皮、长毛绒、膨体纱、水龙带、阳伞布等。

聚丙烯腈是丙烯腈的三元共聚物，一般采用自由基聚合方法。常用的工业生产方法有溶液聚合法和水相沉淀聚合法。溶液聚合法是单体溶于某一溶剂进行聚合，而生成的聚合物也溶于该溶剂中的聚合方法。聚合结束后，聚合液可直接纺丝，又称一步法。水相沉淀法是用水作介质，利用水溶性引发剂引发聚合，聚合物不溶于水而沉淀出来，由于在纺丝前还要进行聚合物的溶解，所以称为二步法。

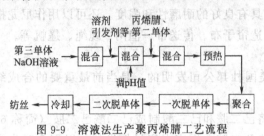

图 9-9　溶液法生产聚丙烯腈工艺流程

图 9-9 所示为溶液法生产聚丙烯腈工艺流程图。先将第三单体与氢氧化钠溶液配成水溶液，再与溶剂、引发剂和浅色剂混合，调 pH 值至要求，然后在混合器中与丙烯腈、第二单体混合，经预热后进入聚合釜聚合。聚合后的浆液进入脱单体塔，在负压下脱除单体，单体冷却后返回混合器。聚合液经二次脱单体冷却后送去纺丝。

第四节　合成橡胶

合成橡胶是由人工合成的高弹性聚合物，也称合成弹性体，是三大合成材料之一，其产量仅低于合成塑料、合成纤维。

根据产量和使用情况，合成橡胶可分为通用合成橡胶与特种合成橡胶两大类。通用合成橡胶主要代替部分天然橡胶生产轮胎、胶鞋、橡皮管、胶带等橡胶制品，包括丁苯橡胶、顺丁橡胶（顺式聚丁二烯橡胶）、丁基橡胶、乙丙橡胶、异戊橡胶等品种。特种合成橡胶主要制造耐热、耐老化、耐油或耐腐蚀等特殊用途的橡胶制品，包括有机硅橡胶、丁腈橡胶、聚氨酯橡胶、氯醇橡胶等。其中应用较广的通用橡胶是丁苯橡胶和顺丁橡胶。

一、丁苯橡胶

丁苯橡胶（SBR）是由丁二烯和苯乙烯共聚制得的，是产量最大的通用合成橡胶，有乳聚丁苯橡胶、溶聚丁苯橡胶和热塑性橡胶（SBS）。丁苯橡胶是橡胶工业的骨干产品，它是合成橡胶第一大品种，其物理性能、加工性能及制品的使用性能接近于天然橡胶，有些性能如耐磨、耐热、耐老化及硫化速度较天然橡胶更为优良，可与天然橡胶及多种合成橡胶并用，广泛用于轮胎、胶带、汽车部件、胶管、电线电缆、医疗器具及各种橡胶制品的生产等领域。

丁苯橡胶的工业生产方法有乳液聚合法和溶液聚合法，其中主要是采用乳液聚合生产的丁苯橡胶。

1. 生产原理

丁苯橡胶是由 1,3-丁二烯（$CH_2=CH-CH=CH_2$）与苯乙烯（$C_6H_5C_2H_3$）共聚而得，其聚合反应式如下：

$$CH_2=CH-CH=CH_2+C_6H_5-CH=CH_2 \longrightarrow$$

$$\begin{array}{c}\left[CH_2-CH=CH-CH_2-CH(C_6H_5)-CH_2\right]_n\end{array} \qquad (9-2)$$

2. 低温乳液聚合生产丁苯橡胶工艺

（1）工艺流程图

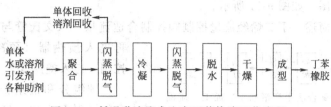

图 9-10　低温乳液聚合生产丁苯橡胶工艺流程

（2）工艺流程简述　如图 9-10 所示，用计量泵将分子量调节剂、苯乙烯在管路中混合溶解后，再在管路中与处理好的丁二烯混合。然后与乳化剂混合液（乳化剂、去离子水、脱氧剂等）等在管路中混合后进入冷却器，冷却至 10℃。再与活化剂溶液（还原剂、螯合剂等）混合，进入聚合系统，聚合系统由 8～12 台聚合釜组成，采用串联操作方式。当聚合达到规定转化率后，加入终止剂终止反应。从终止釜流出的胶液进入缓冲罐，然后经过两个不同真空度的闪蒸器回收未反应的丁二烯。回收的丁二烯经压缩液化，再冷凝除去惰性气体后循环使用。脱除丁二烯的乳胶进入苯乙烯汽提塔上部，塔底用蒸汽直接加热，苯乙烯与水蒸气由塔顶出来，经冷凝后，分离水和苯乙烯，苯乙烯循环使用。塔底得到苯乙烯含量＜0.1％的胶乳。

塔底胶乳进入混合槽，在此与计量的防老剂乳液进行混合，经搅拌混合均匀后，送入后处理工段。

混合好的乳胶用泵送到絮凝器槽中，加入食盐水进行破乳形成浆状物，然后与一定浓度的稀硫酸混合后连续流入胶粒化槽，在剧烈搅拌下生成胶粒，溢流到转化槽，以完成乳化剂转化为游离酸的过程。

从转化槽中溢流出来的胶粒和清浆液经振动筛进行过滤分离后，湿胶粒进入洗涤槽，用清浆液和清水进行洗涤。洗涤后的胶粒再经真空旋转过滤器脱除一部分水分，使胶粒含水量低于 20％，然后进入湿粉碎机粉碎成 5～50mm 的胶粒，用空气输送器送到干燥箱中进行干燥。干燥至含水量低于 0.1％，然后称量、压块、检测后包装得成品丁苯橡胶。

二、顺丁橡胶

顺丁橡胶（BR）即聚丁二烯橡胶，是 1,3-丁二烯单体在齐格勒催化剂体系的存在下，溶液聚合而制成的系列聚合物。顺丁橡胶是仅次于丁苯橡胶的世界第二大通用合成橡胶。顺丁橡胶的主要特点是具有优异的耐磨耗性，耐屈挠性好，回弹性高，滞后损失小，生热低，耐低温性能好。其缺点是撕裂强度比较低，抗湿滑性能差。其生橡胶有冷流现象，硫化时易于流动，特别适合于注压和注射成型。该橡胶主要用于轮胎制造，用其所制造的轮胎胎面，在苛刻的行驶条件下（如高速、路况差、气温低等），可以显著改善耐磨耗性能，提高轮胎的使用寿命。此外，还可以用来制造其他耐磨制品（如胶鞋、胶带、胶辊等）以及各种耐寒性要求较高的橡胶制品。

目前世界上生产顺丁橡胶大部分采用溶液聚合法。

1. 生产原理

丁二烯聚合反应的机理属于连锁聚合反应，遵循链引发、链增长、链终止及链转移等基元反应机理。其总反应式为：

$$nCH_2=CH-CH=CH_2 \longrightarrow \{CH_2-CH=CH-CH_2\}_n \tag{9-3}$$

2. 溶液聚合法生产聚顺丁二烯工艺

（1）工艺流程图　如图 9-11 所示。

（2）工艺流程简述　丁二烯经流量控制阀控制合适流量，入文氏管与溶剂油进行混合，再进入预热器（预冷器）进行换热，控制一定入釜温度。

图 9-11　溶液聚合法生产聚顺丁二烯工艺流程

镍组分和铝组分分别由镍计量泵和铝计量泵送出，经铝-镍文氏管混合后，与出预热器（预冷器）的丁油溶液混合。

硼组分由硼计量泵送出，与稀释油经文氏管混合后，在釜底与丁油混合进入首釜。

丁油溶液在聚合釜中，发生聚合反应，生成高分子量的聚丁二烯。

首釜胶液自釜顶出口出来，由第二釜釜底进入第二釜继续进行反应；再由第二釜的釜顶出口出来，由第三釜釜底进入第三釜继续进行反应；由第三釜的釜顶出口出来，进入第四釜继续进行反应；当达到一定黏度和转化率后，在第四釜的出口管线（终止釜的入口管线）与终止剂一起由终止釜釜底进入终止釜进行终止处理；最后，胶液由终止釜顶出口出来，经胶液过滤器和压力控制阀入成品工段凝聚釜的胶液罐。

被终止后的胶液进入胶液罐后，将部分未转化的丁二烯经罐顶压控调节阀，盐水冷凝冷却器，进入丁二烯贮罐，再送至丁二烯回收罐区。胶液在罐中根据黏度值高低进行相互混配合格后，经过胶液泵送往凝聚釜。

合格胶液被喷到凝聚釜内，在热水、机械搅拌和蒸汽加热的作用下，进行充分凝聚形成颗粒，并蒸出溶剂油溶剂和少量丁二烯。釜顶被蒸发的气体经过两个并联的循环水冷凝冷却器，冷凝物进入油水分离器进行油水分离，溶剂油用油泵送往溶剂回收罐区，水经油水分离罐底部经二次净化分离罐排入地沟。釜底胶粒和循环热水经颗粒泵送入洗胶岗的缓冲罐，再经 1 号振动筛分离出胶粒送至洗胶罐。

在洗胶罐中，用 $40 \sim 60 ℃$ 的水对胶粒进行洗涤，经洗涤的胶粒和水由 2 号振动筛进行分离，并将含水 $40\% \sim 60\%$ 的胶粒送往挤压干燥。

通过挤压机挤压将胶粒含水量降至 $8\% \sim 15\%$，然后，切成条状进入膨胀干燥机加热、加压，除去胶粒中的绝大部分水分，再送入干燥箱干燥，使胶的含水量达到 0.75% 以下。

干燥合格后的胶条经提升机送入自动称量秤进行称量压块。压好的胶块用薄膜包好，装入纸袋封好入库。

习　题

1. 高分子是如何分类的？

2. 简述本体法聚丙烯工艺流程。

3. 请写出聚酯纤维、聚丙烯腈纤维、聚酰胺纤维、聚乙烯醇缩甲醛纤维、聚丙烯纤维、聚氯乙烯纤维对应商品名。

4. 请写出聚酯纤维的合成反应方程式。

5. 简述合成橡胶的分类？

第十章　精细化工产品生产

精细化工是精细化学品生产工业的简称。精细化工产品也称作专用化学品，各国有不同的划分，如日本将具有专门功能、技术密集、配方技术决定产品性能、附加值高、收益大、批量小、品种多的化学品称作精细化学品；美国则采用专用化学品概念，特指全面要求产品功能和性能的化学品。

我国原化工部将精细化工产品分为 12 个行业进行统计，即化学农药、涂料、油墨、颜料、染料、化学试剂及各种助剂（含催化剂、塑料助剂、橡胶助剂、印染助剂等）、专项化学品（水处理化学品、造纸化学品、皮革化学品、油田化学品、生物工程化工、工业用表面活性剂、碳纤维、化学陶瓷纤维、胶黏剂及高功能化学品等）、星系化学品、放射化学品、食品和饲料添加剂、日用化学品、化学药品。

精细化工产品具有品种多、批量小、技术密集、附加值高、产品具有特定功能且更新换代快等特点。下面以燃料、化学农药、表面活性剂为代表简要介绍精细化工产品的生产。

第一节　染　　料

染料是指能在水溶液或其他介质中使物质获得鲜明而坚牢色泽的有机化合物。作为染色物质，染料本身应该具有鲜明的色泽，除此之外还需能溶于水或借助于化学方法使之溶于水及制成分散液，上染后具有一定的坚牢度，即在后加工或使用过程中保持不褪色，也就是燃料应该具备一定的染色牢度。染色牢度是表示被染色物质在其后加工处理或使用过程中，染料能经受外界各种因素作用而保持原来色泽的能力，染色牢度是染料染色的一个重要指标。除此之外染料还应具备以下几个特点：颜色鲜艳，与水能形成分散体系，使用比较方便，无毒性等。

染料主要用于各种纤维的染色，同时在塑料、橡胶、油墨、皮革、食品、纺织、感光材料、激光技术、液晶显示等多领域有广泛的应用。

一、染料的分类

染料的种类非常多，目前有 7000 多种，分类方法也比较多，应用较多的是按照化学结构分类和按照应用分类。

1. 按照化学结构分

（1）偶氮类染料　分子结构中有偶氮结构（—N═N—）的染料，是目前应用最多的染料，如酸性橙。另外由于偶氮染料的品种非常多，又有一些细分，如单偶氮、双偶氮、多偶氮染料等。

（2）蒽醌（A/Q）类染料　分子中蒽醌结构，以蒽醌为原料合成的各类蒽醌衍生物染料及用蒽醌衍生物合成的各类稠环酮类染料，如茜素。一般蒽醌染料的耐光和耐洗牢度好，在合成染料领域中占有很重要的地位。以蒽醌为原料，通过其含氨基、羟基、卤素的磺酸化合物，又可制成多种高级的酸性染料和活性染料。

（3）靛系染料　如靛蓝、硫靛，是还原染料的一类。发色团中双键上并有亚氨基或硫原子。如果全是亚氨基则称靛蓝染料。如果全是硫原子，或一个亚氨基和一个硫原子，则称硫靛染料。颜色有橙、红、紫、蓝、棕、黑等，不溶于水，被还原成隐色体后才能溶于水中进行染色，染色性能和牢度与蒽醌型还原染料相近。主要用于天然纤维和人造纤维的染色和印花。

（4）硫化染料　具有复杂的含硫结构。

（5）酞菁（PC）结构染料　分子中含有酞菁结构。

（6）多次甲基染料（菁系染料）　在分子共轭体系中，含有（—C＝C—）的链段。

（7）芳甲烷染料　包括二芳甲烷和三芳甲烷染料。

（8）硝基和亚硝基染料　在染料中，硝基为共轭体系关键组成部分。

（9）杂环染料　分子中含有杂环结构。

2. 按照应用方法分

（1）直接染料　染料分子多数为偶氮结构并含有磺酸基、羧酸基等水溶性基团，可溶于水，在水中以阴离子形式存在，一般染料对纤维素有亲和力，染料分子与纤维素分子之间以范德华力和氢键相结合，从而染着于纤维上。

（2）酸性染料　是一类含磺酸基、羧酸基等极性基团的阴离子染料，通常以水溶性钠盐存在，酸性燃料能与蛋白质纤维素分子中的氨基以离子键相结合而染色。结构上主要为偶氮和蒽醌所组成，亦有部分为三芳甲烷结构。适合在酸性介质中染羊毛和皮革。

（3）金属络合染料　在结构上一般为含有可与金属螯合基团的偶氮和蒽醌染料。

（4）不溶性偶氮染料　在染色过程中，由重氮组分和偶氮组分直接在纤维上反应形成色淀而染着于底物上。由于重氮化需在冰冷却条件（0~5℃）下进行，故又称冰染料。

（5）还原染料　它本身不溶于水，只是它可在碱性条件下被还原成隐色体而上染纤维，再经氧化，在纤维上恢复成原来不溶性的染料而染着。若将还原染料制成硫酸酯钠盐，可变成可溶性还原染料，在织物上染色后，再经水解、氧化除去水溶性基团，生成不溶性的还原染料，从而固着在纤维上，这种染料称为可溶性还原染料。

（6）硫化染料　是一类染色原理大致与还原染料相似的染料，其还原机理是通过硫化碱。这类染料以黑、蓝、草绿色为多。

（7）分散染料　染料分子中不含有水溶性基团，是一类水溶性很小的非离子型染料，在染色时用分散剂将染料分散成极细颗粒，在染浴中呈分散状对纤维染色。主要用于聚酯纤维的染色和印花。

（8）活性染料　染料分子中具有能与纤维分子中羟基、氨基发生共价键合反应的基团。是目前使用最普遍的一种染料。

（9）阳离子染料　又称碱性染料和盐基染料。溶于水中呈阳离子状态，主要用于锦纶纤维染色。

（10）缩聚染料　这类染料可溶于水，染色时在纤维上脱去水溶性基团而发生分子间缩聚反应，成为分子量较大的不溶性染料固着在纤维上。

除以上各类外，还有氧化染料（如苯胺黑）、溶剂染料、丙纶染料等。

二、染料中间体及生产

染料中间体指用于生产染料和有机颜料的各种芳烃衍生物。它们是以来自煤化工和石油化工的苯、甲苯、萘和蒽等芳烃为基本原料，通过一系列有机合成单元过程而制得。随着化学工业的发展，染料中间体的应用范围已扩展到制药工业、农药工业、火炸药工业、信息记录材料工业以及助剂、表面活性剂、香料、塑料、合成纤维等生产部门。染料中间体的品种很多，较重要的就有几百种。早期最重要的染料中间体，如硝基苯、苯胺、苯酚、氯苯和邻苯二甲酸酐等，因用途广、用量大，已发展为重要的基本有机中间体，世界年产量都在百万吨以上。现在最重要的染料中间体有邻硝基氯苯、对硝基氯苯、邻硝基甲苯、对硝基甲苯、2-萘酚、蒽醌、1-氨基蒽醌等。由上述中间体出发，再经过一系列有机合成单元过程，又可制得各种结构复杂的中间体。

染料中间体主要有苯系中间体、甲苯系中间体、萘系中间体和蒽醌系中间体四大类，另外，还有一些杂环中间体。生产中间体常用的反应过程主要有硝化、磺化、卤化、还原、胺化、水解、氧化、缩合等。合成一个结构较复杂的中间体，常要经过许多个单元过程，有时可采用不同的基本原料和不同的合成路线。例如对硝基苯胺的生产，最初用苯硝化、还原得苯胺，再乙酰化、硝化、水解的合成路线，此法生产流程长、成本高。现已改用苯氯化、硝化、分离得对硝基氯苯，再高压氨解的合成路线。用于制造染料、农药或医药的专用中间体，通常结构复杂，常和最终产品配套生产，产量较小，生产多采用间歇操作。用途广泛的一些中间体，如硝基苯、苯胺、氯苯、苯酚等，通常在综合性的大型化工厂中生产，产量大，生产采用连续操作。

染料中间体的生产常常涉及其中两个重要的反应，硝化反应和重氮化反应，主要介绍硝化反应，重氮化反应将在下一部分介绍。

1. 硝化反应

硝化反应是向有机物分子中引入硝基（—NO₂）的反应过程。此外，硝化也泛指氮的氧化物的形成过程。工业上应用较多的是芳烃的硝化，以硝基取代芳环（Ar）上的氢，可用以下通式表示：

$$\bigcirc + HNO_3 \longrightarrow \bigcirc-NO_2 + H_2O$$

2. 硝化方法

常用的硝化剂有各种浓度的硝酸、硝酸和硫酸的混合物（即混酸）、硝酸和醋酐的混合物等。根据被硝化物的性质和所用硝化剂的不同，硝化方法主要有稀硝酸硝化、浓硝酸硝化、在浓硫酸中用硝酸硝化、在有机溶剂中用硝酸硝化和非均相混酸硝化等。其中混酸硝化主要用于苯、甲苯和氯苯等的硝化。混酸硝化产物的需要量很大，因此，混酸硝化是最重要的硝化过程。

3. 硝基苯的生产

将苯、混酸和循环废酸分别经过转子流量计连续地送入第一硝化反应器，反应物流经第二和第三硝化反应器后进入连续分离器。分出的硝基苯经水洗、碱洗、水洗、蒸馏即得工业品硝基苯。分出的废酸一部分作为循环废酸送回第一硝化反应器，以吸收硝化反应释放的部分热量并使混酸稀释，以减少多硝基物的生成。大部分废酸要另外浓缩成浓硫酸，再用于配制混酸。

4. 硝化过程特点

硝化要求保持适当的反应温度，以避免生成多硝基物和氧化等副反应。硝化是放热反应，而且反应速率快，控制不好会引起爆炸。为了保持一定的硝化温度，通常要求硝化反应器具有良好的传热装置。混酸硝化法还具有以下特点：

① 被硝化物或硝化产物在反应温度下是液态的，而且不溶于废硫酸中，因此，硝化后可用分层法回收废酸；

② 硝酸用量接近于理论量或过量不多，废硫酸经浓缩后可再用于配制混酸，即硫酸的消耗量很小；

③ 混酸硝化是非均相过程，要求硝化反应器装有良好的搅拌装置，使酸相与有机相充分接触；

④ 混酸组成是影响硝化能力的重要因素，混酸的硝化能力用硫酸脱水值（DVS）或硝化活性因数（FNA）表示。DVS是混酸中的硝酸完全硝化生成水后，废硫酸中硫酸和水的计算质量比。FNA是混酸中硝酸完全硝化生成水后，废酸中硫酸的计算质量百分含量。DVS高或FNA高表示硝化能力强。对于每个具体硝化过程，其混酸组成、DVS或FNA都要通过实验来确定它们的适宜范围。例如苯硝化制硝基苯时，混酸组成（%）为：H_2SO_4 46～49.5，HNO_3 44～47，其余是水，DVS 2.33～2.58，FNA 70～72。

5. 硝化反应器

硝化过程在液相中进行，通常采用釜式反应器。根据硝化剂和介质的不同，可采用搪瓷釜、钢釜、铸铁釜或不锈钢釜。用混酸硝化是为了尽快地移去反应热，以保持适宜的反应温度，除利用夹套冷却外，还在釜内安装冷却蛇管。产量小的硝化过程大多采用间歇操作。产量大的硝化过程可连续操作，采用釜式连续硝化反应器或环型连续硝化反应器，实行多台串联完成硝化反应。环型连续硝化反应器的优点是传热面积大，搅拌良好，生产能力大，副产的多硝基物和硝基酚少。

经硝化反应得到的各种芳香族硝基化合物，如硝基苯、硝基甲苯和硝基氯苯等都是染料中间体，芳香族硝基化合物还原可制得各种芳伯胺，如苯胺等。硝化是强放热反应，其放热集中，因而热量的移除是控制硝化反应的突出问题之一。

三、偶氮类染料的生产

偶氮染料是偶氮基两端连接芳基的一类有机化合物，在合成染料中，偶氮染料是最多的一种，用于多种天然和合成纤维的染色和印花，也用于油漆、塑料、橡胶等的着色。制备偶氮染料的反应以重氮化反应和偶合反应为主。

1. 重氮化反应

芳香族伯胺和亚硝酸作用生成重氮盐的反应称为重氮化，芳伯胺常称重氮组分，亚硝酸为重氮化剂，重氮化反应后生成重氮盐。脂肪族、芳香族和杂环的一级胺都可进行重氮化反应。通常，亚硝酸为重氮化剂，但因为亚硝酸不稳定，通常使用亚硝酸钠和盐酸或硫酸使反应时生成的亚硝酸立即与芳伯胺反应，避免亚硝酸的分解。脂肪族重氮盐很不稳定，能迅速自发分解，芳香族重氮盐较为稳定。芳香族重氮基可以被其他基团取代，生成多种类型的产物。所以芳香族重氮化反应在有机合成上很重要。

重氮化反应可用反应式表示为：

$$\text{⟨苯环⟩—NH}_2 + 2HCl + NaNO_2 \longrightarrow \text{⟨苯环⟩—N}_2Cl + NaCl + 2H_2O$$

重氮化反应进行时要考虑下列因素。

（1）酸的用量　从反应式可知酸的理论用量为2mol，在反应中无机酸的作用是，首先使芳胺溶解，其次与亚硝酸钠生成亚硝酸，最后生成重氮盐。重氮盐一般是容易分解的，只有在过量的酸液中才比较稳定，所以重氮化时实际上用酸量过量很多，常达3mol，反应完毕时介质应呈强酸性（pH值为3），对刚果红试纸呈蓝色。重氮过程中经常检查介质的pH值是十分必要的。

反应时若酸用量不足，生成的重氮盐容易和未反应的芳胺偶合，生成重氮氨基化合物，这是一种自我偶合反应，是不可逆的，一旦重氮氨基物生成，即使补加酸液也无法使重氮氨基物转变为重氮盐，因此使重氮盐的质量变坏，产率降低。在酸量不足的情况下，重氮盐容易分解，温度越高，分解越快。

（2）亚硝酸的用量　重氮化反应进行时自始至终必须保持亚硝酸稍过量，否则也会引起自我偶合反应。重氮化反应速率是由加入亚硝酸钠溶液的速度来控制的，必须保持一定的加料速度，过慢则来不及作用的芳胺会和重氮盐作用生成自我偶合反应。亚硝酸钠溶液常配成30％的浓度使用，因为在这种浓度下即使在−15℃也不会结冰。

反应时检验亚硝酸过量的方法是用碘化钾-淀粉试纸试验，一滴过量亚硝酸液的存在可使碘化钾-淀粉试纸变蓝色。由于空气在酸性条件下也可使碘化钾-淀粉试纸氧化变色，所以试验的时间以 0.5～2s 内显色为准。

亚硝酸过量对下一步偶合反应不利，所以过量的亚硝酸常加入尿素或氨基磺酸，以消耗过量的亚硝酸。

亚硝酸过量时，也可以加入少量原料芳伯胺，使和过量的亚硝酸作用而除去。

（3）反应温度　重氮化反应一般在 0～5℃进行，这是因为大部分重氮盐在低温下较稳定，在较高温度下重氮盐分解速率加快的结果，会起分解作用：

$$\langle\!\!\!\bigcirc\!\!\!\rangle\!-N_2Cl + H_2O \longrightarrow \langle\!\!\!\bigcirc\!\!\!\rangle\!-OH + HCl + N_2\uparrow$$

另外亚硝酸在较高温度下也容易分解。重氮化反应温度常取决于重氮盐的稳定性，对氨基苯磺酸重氮盐稳定性高，重氮化温度可在 10～15℃下进行；1-氨基萘-4-磺酸重氮盐稳定性更高，重氮化温度可在 35℃进行。重氮化反应一般在较低温度下进行这一原则不是绝对的，在间歇反应锅中重氮反应时间长，保持较低的反应温度是正确的，但在管道中进行重氮化时，反应中生成的重氮盐会很快转化，因此重氮化反应可在较高温度下进行。

另外需要注意的是，设备中应避免铁、铜等金属的存在，这些金属会加速重氮化合物的分解。

重氮盐的用途很广，其反应分为两大类：一是用适当试剂处理，重氮基被—H、—OH、—X、—CN、—NO$_2$ 等基团取代，生成相应的芳香化合物，因此芳基重氮盐被称为芳香族的格氏试剂；二是保留氮的反应，即与相应的芳胺或酚起偶联反应，生成偶氮染料，即偶合反应。

2. 偶合反应

偶合是生产偶氮染料和有机颜料的重要反应过程。芳伯胺的重氮盐与酚或芳胺等作用生成偶氮化合物的反应过程。一般可用以下通式表示：

$$\langle\!\!\!\bigcirc\!\!\!\rangle\!-N_2Cl + \langle\!\!\!\bigcirc\!\!\!\rangle\!-OH \longrightarrow \langle\!\!\!\bigcirc\!\!\!\rangle\!-N\!=\!N\!-\langle\!\!\!\bigcirc\!\!\!\rangle\!-OH + HCl$$

偶合反应中，包括两个反应组分，通常将芳伯胺的重氮盐称为重氮组分，把与重氮盐偶合的酚或芳胺称为偶合组分。

偶合过程特点是放热反应，反应速率很快，重氮盐很活泼，为了避免副反应，偶合要在 0～15℃下进行，并控制偶合组分微过量，使重氮组分完全反应。

不同类型的偶合组分对介质要求不同的 pH。酚类偶合时在弱碱性介质中速率较快；芳胺偶合时在弱酸性介质中速率较快。偶合是亲电取代反应，偶氮基（—N＝N—）通常进入羟基、氨基的邻位或对位。有些氨基萘酚磺酸钠，如 1-氨基-8-萘酚-3,6-二磺酸单钠盐（即 H 酸的单钠盐），可以在两个位置偶合。第一次偶合要在酸性介质中进行，先在氨基的邻位引入偶氮基；然后在碱性介质中偶合，使第二个偶氮基进入羟基的邻位。但若先在碱性介质中偶合，就不能再进行第二次偶合了。有些氨基萘酚磺酸，如 2-氨基-8-萘酚-6-磺酸，只能在酸性或碱性介质中偶合一次。偶合反应完成后，有时需要加热对偶氮染料进行后处理。

很多偶合反应进行得很快，在重氮化合物和偶氮组成物混合后几分钟就完成反应，但有的偶合反应进行得很慢，需要几小时或者几十个小时。偶合反应的终点可以通过定性试验确定反应物中重氮化合物已经不存在来判断。

偶合一般用釜式反应器间歇操作。为了防止稀酸的腐蚀，一般用搪瓷或衬瓷砖的反应锅，并向锅中直接加入碎冰或者将冷冻盐水通入夹套或搪瓷蛇管来控制反应速率。在反应后如需加热，可用直接蒸汽或间接蒸汽。偶合过程中还需要良好的搅拌。

3. 酸性橙的生产

酸性橙的分子式为：

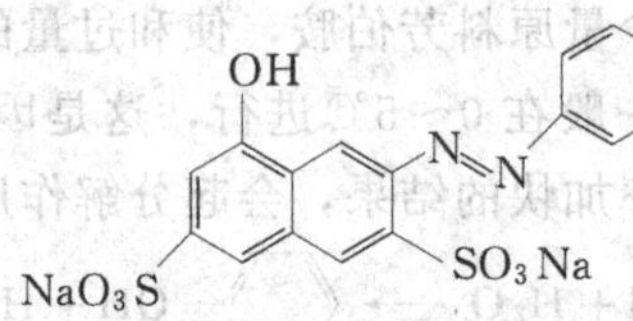

酸性橙以氨基苯磺酸和 α-萘酚为原料制成。酸性橙外形为金黄色粉末。易溶于水，其水溶液呈红光黄色，加盐酸呈棕黄色沉淀，加烧碱呈深棕色。溶于乙醇呈橙色。染料在浓硫酸中为品红色，稀释后有棕黄色沉淀。在浓硝酸中呈金黄色，在浓烧碱液中不溶解。适用于色泽鲜艳度高的绒线染色。主要用于羊毛、蚕丝、锦纶、皮革、纸张的染色，及在毛、丝、锦纶上直接印花。其生产流程如下。

(1) 对氨基苯磺酸的重氮化 在重氮化槽中注水及纯碱，加热到沸腾，然后在搅拌下渐渐加入对氨基苯磺酸，保持搅拌到溶解，加冰冷却到 0℃，加盐酸，使对氨基苯磺酸成细粒状析出。然后在 0～6℃，将亚硝酸钠溶液逐渐加入，加完后，溶液应能使淀粉-碘化钾试纸呈蓝色（表示有亚硝酸存在），搅拌 1h 以后，仍应有过剩的亚硝酸存在。

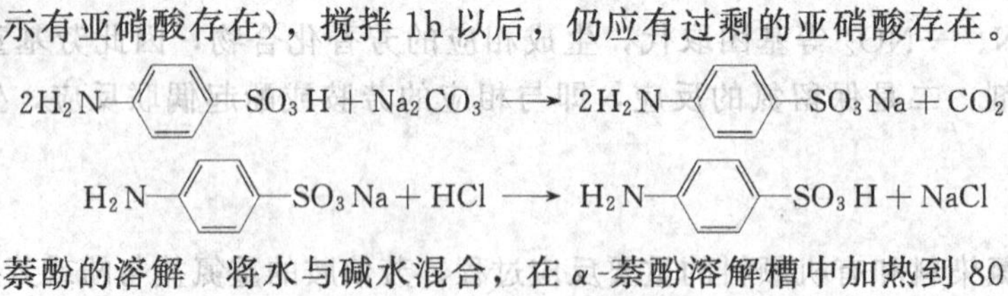

(2) α-萘酚的溶解 将水与碱水混合，在 α-萘酚溶解槽中加热到 80℃，加 α-萘酚使其溶解，溶解完毕后，加入偶合槽。

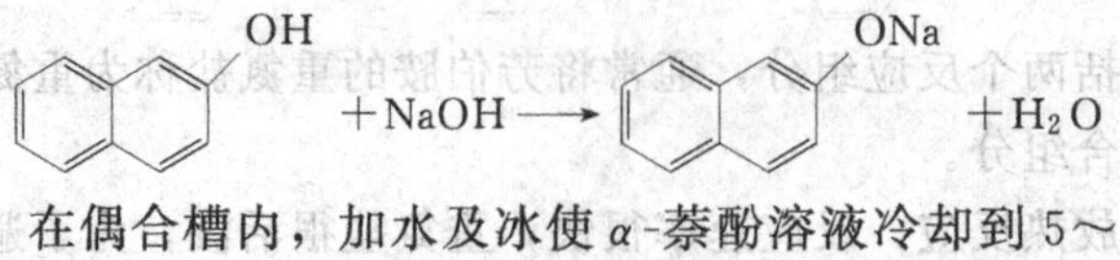

(3) 染料的制备 在偶合槽内，加水及冰使 α-萘酚溶液冷却到 5～7℃，然后在搅拌下，加重氮液，同时加入纯碱溶液，使偶合液呈微碱性（pH＝8），加完后，温度逐渐升到 15～17℃，搅拌 6h 后，在压滤机中过滤，干燥后加工制成成品。

第二节　农　药

农药是指用于防治农作物（包括树木和农林产品）病虫害的杀菌剂、杀虫剂、除草剂、杀鼠剂和植物生长调节剂等。家居用的和非农耕地用的杀虫剂、杀鼠剂、除草剂及杀菌剂也都属于农药。农药广泛用于农林业生产的产前、产中至产后的全过程，同时也用于环境和家庭卫生除害防疫上，以及某些工业品的防蛀、防霉。具体有以下几个用途。

①用于预防、消灭或者控制危害农、林、牧、渔业中的种植业的病、虫（包括昆虫、蜱、螨）、草、鼠和软体动物等有害生物（用于养殖业防治动物体内外病、虫的属兽药）。

②调节植物、昆虫生长（为促进植物生长，给植物提供常量、微量元素的肥料）。

③防治仓储病、虫、鼠及其他有害生物。

④用于农林业产品的防腐、保鲜（用于加工食品的防腐属食品添加剂）。

⑤用于防治人生活环境和农林业中养殖业，用于防治动物生活环境中的蚊、蝇、蟑螂、虱、蠓、蚋、跳蚤等卫生害虫和害鼠（用于防治细菌、病毒等有害微生物的属消毒剂）。

⑥预防、消灭或者控制危害河流堤坝、铁路、机场、建筑物、高尔夫球场、草场和其他场所的有害生物，主要是指防治杂草、危害堤坝和建筑物的白蚁和蛀虫以及衣物、文物、图书等的蛀虫。

一、农药的分类

农药品种很多，分类的方法也多种多样。可按防治对象、按成分和来源分类、按作用方式及毒理机制分类、按化学结构分类，亦有将上述几种综合或交叉分类的。为了实用简便，现按防治对象和作用方式综合分类如下。

1. 杀虫（螨）剂

指用于防治害虫（螨）的农药。某些杀虫剂可用于防治卫生害虫、畜禽体内外寄生虫以及危害工业原料及其产品的害虫。

按作用方式可分为如下几类。

（1）胃毒剂　杀虫（螨）剂随食物通过害虫口器摄食后，在肠液中溶解或者被肠壁细胞吸收到致毒部位，致使害虫中毒死亡，如敌百虫、除虫脲等。

（2）触杀剂　害虫接触到药剂时，药剂通过虫体表皮渗入虫体内，使害虫受到干扰或破坏某些组织使害虫致死。如甲基对硫磷、氰戊菊酯、氯氰菊酯等。

（3）熏蒸剂　某些药剂在一般气温下即升华，挥发成有毒气体或经过一定的化学作用而产生有毒气体，然后经由害虫的呼吸系统，如气孔（气门）进入虫体内，使害虫中毒死亡，如溴甲烷、敌敌畏、磷化铝等。熏蒸剂一般应在密闭条件下使用。

目前大量应用的杀虫剂，大都以触杀作用为主，兼有胃毒作用，如好年冬、咪虫啉等。少数品种具有熏蒸作用，如敌敌畏。仅具上述三种作用方式之一的杀虫剂品种不多。

（4）内吸剂　指不论将药剂施到作物的哪一部位（根、茎、叶、种子）都能被作物吸收到体内，并随着植株体液传导到全株各部位。传导到植株各部位的药量足以使危害此部位的害虫中毒死亡，同时，药剂可在植物体内贮存一定时间，又不妨碍作物的生长发育，如乐果、甲拌磷、克百威等。内吸剂的优点是，使用方便，适用于防治那些藏在隐蔽处的害虫。

（5）驱避剂　药剂本身无毒害作用，但由于其具有某种特殊气味或颜色，施药后可使害虫不愿接近或远避。当前，最为成功的驱避剂为预防蚊虫的避蚊胺。

(6) 拒食剂　害虫在接触或摄食此类药剂后，会消除食欲，拒绝取食而饥饿死亡。从天然存在于植物中人工分离出作为拒食剂的物质至今已有300多种。糖苷类、萜烯类、香豆素等都有较强的广谱拒食作用。

(7) 引诱剂　能引诱昆虫的药剂即为引诱剂。昆虫在进化过程中，为了自身的生存，利用各种器官，如视觉、味觉、触角以及跗节与化学感受器的功能，选择最优的外界条件，延续生命与繁殖后代。有引诱作用的化学物质，在自然界多为能产生气味而弥散空间的有机物。如诱杀地老虎成虫的糖醋酒诱杀剂；诱集棉铃虫产卵的嫩玉米丝提取液等。

(8) 性信息素　雌性昆虫尾端外翻的腺体释放出一种极微量的化学物质，以引诱同种雄性昆虫进行交配繁殖。有性引诱作用的性信息素普遍存在于昆虫中，仅鳞翅目昆虫已知有170多种。人们通过活体提取或人工合成这种物质，以引诱雄虫进行灭杀或由此预测害虫的发生期、发生量及危害情况，以便作出防治决策。当前生产上较广泛应用的有棉铃虫性信息素、棉红铃虫性信息素、玉米螟性信息素、家蝇性信息素等多种。

(9) 绝育剂　此种药剂被昆虫摄食后，能破坏其生殖功能，使害虫失去繁殖能力。雌性害虫虽经交配也不会产卵或虽能产卵也不能孵化。其优点是只对那些造成危害的目标害虫起防治作用，而对同一生态环境中的无害或有益昆虫无不良影响。绝育剂在美国防治螺旋蝇效果良好，而当前国内研究较少。

(10) 昆虫生长调节剂　此类药剂通过对目标害虫施用后扰乱害虫正常生长发育而使害虫死亡或减弱害虫的生活能力。这类药剂有：保幼激素、蜕皮激素、几丁质酶抑制剂等。

(11) 杀卵剂　药剂与虫卵接触后，进入卵内降低卵的孵化率或直接进入卵壳使幼虫或虫胚中毒死亡。如石灰硫黄合剂，可使卵壳变硬、胚胎干死；一些油剂可阻碍蚊卵、叶螨卵、苹果小卷蛾卵的呼吸，累积有毒代谢物，使其中毒死亡。

2. 杀菌剂

指在一定剂量或浓度下，具有杀死植物病原菌或抑制其生长发育的农药。按作用方式和机制可分为：保护性杀菌剂、治疗性杀菌剂、内吸性杀菌剂和土壤消毒剂4种。

(1) 保护性杀菌剂　在植物感病前施用，抑制病原孢子萌发或杀死萌发的病原孢子，以保护植物免受病原菌侵染危害的杀菌剂，又称为防御性杀菌剂。保护性杀菌剂有两种：一种是用杀菌剂消灭病害侵染源。属此类药剂的有代森锰锌、雷多米尔等。另一种是在病菌未侵入植物之前，把杀菌剂施到寄主表面，使其形成一层药膜，防止病菌侵染。属此类药剂的有硫酸铜、绿乳铜、波尔多液等。

(2) 治疗性杀菌剂　当病原菌侵入农作物或已使农作物感病后，施用能抑制病原菌继续发展或能灭病菌的药剂，以消除病菌危害或使植物病菌停止发展，植株恢复健康。如多菌灵、苯菌灵、三唑铜、甲霜灵等。

(3) 内吸性杀菌剂　它能通过作物根、茎、叶等部位吸收进入作物体内，并在作物体内传导、扩散、滞留或代谢后，起到防治植物病害的作用。这类药剂本身或其代谢可抑制已侵染病原菌的生长或保护植物免受病原菌重复侵染。属此类杀菌剂的有三唑铜、甲基硫菌灵、苯菌灵、菌核净等。

(4) 土壤消毒剂　采用沟施、浇灌、翻混等方法，对带病土壤进行药剂处理，使土壤中的病原菌得以抑制，以免作物受害。如甲基立枯磷、威百亩等。

3. 除草剂

指用以消灭或控制杂草生长的农药，使用范围包括农田、苗圃、林地、花卉园林及一些非耕地。按作用方式和作用性质可分为以下几类。

(1) 内吸传导型除草剂　药剂施于植物上或土壤中后，可被杂草的根、茎、叶等部位吸收，并能在杂草体内传导到整个植株各部位，使杂草的生长发育受抑致死。如农得时、茅草枯、草甘磷、拿扑净等。

(2) 触杀型除草剂　此类除草剂不能被植物体内吸收、传导和渗透，只能使植物的绿色部位接触药剂吸收后被枯杀。如敌草快、灭草松等。

(3) 选择性除草剂　植物对其具有选择性，即在一定剂量和浓度范围内能灭杀某种或某类杂草，但对作物安全无害。如广灭灵、盖草能、连达克兰、2,4-滴丁酯等。

(4) 灭生性除草剂　在药剂使用后，所有接触药剂的植物均能被杀死。此类药剂无选择性，但可利用作物与杂草之间存在的各种生理差异（如出苗时间早迟、根系分布的深浅、外型生长差异及药剂持效期长短等）正确合理地使用，亦可达到除草不伤苗的目的。如百草枯、毒-滴混剂等。

4. 植物生长调节剂

植物在整个生长过程中，除需要日光、温度、水分、矿物等营养条件外，还需要有某些微量的生理活性物质。这些极少量生理活性物质的存在，对调节控制植物的生长发育具有特殊功能和作用，故称之为植物生长调节物质。植物生长调节剂可分为两类：一类是植物激素，另一类是植物生长调节剂。

植物激素都是内生的，故又称为内源激素，假如想通过从植物体内提取植物激素，再扩大应用到农业生产方面，那是很困难的。而植物生长调节剂则是随着对植物激素的深入研究而发展起来的人工合成剂，它具有天然植物激素活性，有着与植物激素相同的生理效应，对植物的生长发育起着重要的调节功能。植物生长调节剂具有调控植物发育程序，增强作物对环境变化的适应性，使作物的生育有利于良种潜力的充分发挥。按作用方式可分为如下几类。

(1) 生长素类　促进细胞分裂、伸长和分化，延迟器官脱落，可形成无籽果实，如吲哚乙酸、吲哚丁酸等。

(2) 赤霉素类　促进细胞伸长、开花，打破休眠等，如赤毒酸（GA3）

(3) 细胞分裂素类　主要促进细胞分裂，保持地上部绿色，延缓衰老，如玉米素、二苯脲（DPU）等。

(4) 乙烯释放剂　用于抑制细胞伸长，引起横向生长，促进果实成熟、衰老和营养器官脱落，如 2-氯乙基膦酸（乙烯利）。

(5) 生长素传导抑制剂　能抑制顶端优势，促进侧枝侧芽生长，如氯苯醇（整形素）。

(6) 生长延缓剂　主要抑制茎的顶端分生组织活动，延缓生长，如矮壮素、缩节胺、多效唑（PP333）等。

(7) 生长抑制剂　可破坏顶端分生组织活动，抑制顶芽生长，但与生长延缓剂不同，在施药后一定时间，植物又可恢复顶端生长，如马来酰肼（青鲜素）。

(8) 油菜素内酯（BR）　能促进植物生长，增加营养体收获量，提高坐果率、促进果实膨大，增加粒重等。在逆境条件下，能提高作物的抗逆性，应用浓度极低，如农乐利。

5. 杀鼠剂

防治鼠类等有害啮齿动物的农药，多采用通过胃毒、熏蒸作用直接毒杀的办法。但存在人畜中毒或二次中毒等危险。因此，优良的杀鼠剂应具备：对鼠类毒性大，有选择性；不易产生二次中毒现象；对人畜安全；价格便宜等特点。

但符合上述全部要求的鼠剂并不多，使用时应强调安全用药的时间和方法。杀鼠剂按作用方式可分为胃毒剂、熏蒸剂、驱避剂、引诱剂和不育剂等 4 大类。

（1）胃毒剂　通过取食进入消化系统而使鼠类中毒致死的杀鼠剂。这类杀鼠剂为源于海葱素、毒鼠碱的植物性杀鼠剂，适口性、杀鼠效果好，对人畜安全，但由于药源的限制，现在市场供应很少。目前，市场供应的主要有磷化锌、安妥、杀鼠迷、克灭鼠、溴敌隆、溴鼠隆等无机和有机合成杀鼠剂。

（2）熏蒸杀鼠剂　经呼吸系统吸入有毒气体而毒杀鼠类的杀鼠剂。这类杀鼠剂多兼作为熏蒸杀虫剂，如氯化苦、溴甲烷、磷化氢等。其优点是不受鼠类取食行为的影响，作用快，无二次毒性；缺点是用量大，施药时防护条件及人员操作技术要求高，操作费工，难以大面积推广。

（3）驱鼠剂和诱鼠剂　驱赶或诱集而不直接毒杀鼠类的杀鼠剂。驱鼠剂是使鼠类避开，不致啃咬毁坏物品。例如用福美双处理种子、苗木可避免鼠兔危害，但一般持效期不长。诱鼠剂只起到诱集鼠类的作用，必须和其他杀鼠剂结合使用。诱鼠剂的缺点是施药后残效期较短，效果难以持久。

（4）不育剂　通过药物作用使雌鼠或雄鼠不育而降低其出生率，达到防除目的，属间接杀鼠剂，亦称化学绝育剂。其优点是较使用直接杀鼠剂安全，适用于耕地、草原、下水道、垃圾堆等防鼠困难场所。雌鼠绝育剂有多种甾激素，雄鼠绝育剂有氯代丙二醇、呋喃旦啶等。

二、敌百虫的生产

1. 性质

敌百虫具有杀虫范围广、药效优良、对人畜安全、使用方便、生产工艺简便、成本低廉等特点，因而在国内迅速发展，应用非常广泛，已经成为我国有机磷农药产品中的最大品种，国内的生产工艺多方面达到了世界先进水平。

敌百虫的化学名称是 O,O-二甲基(2,2,2,-三氯-1-羟基乙基)磷酸酯。是一种高效低毒的有机磷胃毒杀虫剂。工业品敌百虫是白色块状结晶，并含有少量的油状杂质。纯品为白色针状结晶固体，有醛类气味。

20℃时，敌百虫在水中的溶解度为 120g/L，敌百虫易溶于大多有机溶剂，但不溶于脂肪烃和石油，在己烷中的溶解度为 0.1~1g/L，在二氯甲烷、异丙醇中的溶解度大于 200g/L，在甲苯中的溶解度为 20~50g/L。敌百虫固体状态很稳定，在溶液中易发生水解和脱氯化氢反应而失效，当 pH 值大于 6 时分解迅速。在中性和酸性条件下比较稳定，若在碱性条件下很快转化成敌敌畏，室温下 8h 分解率达到 99%。

敌百虫进入机体后，能抑制胆碱酯酶，造成神经生理功能紊乱，出现毒蕈碱样和烟碱样症状。敌百虫不能与其他杀虫剂混用或并用，如波尔多液、石硫合剂、石灰以及其他一些碱性物质，否则对人、畜有害。

2. 生产工艺

（1）生产原理

敌百虫的分子式为

$$\begin{array}{c} CH_3O \quad O \quad OH \\ \backslash \quad \| \quad | \\ P-CH-CCl_3 \\ / \\ CH_3O \end{array}$$

敌百虫生产的原料是甲醇、三氯化磷和三氯乙醛。采用一步合成法，分两段反应。先将三种原料放在反应锅中，然后分酯化、缩合两步进行。两段是指反应温度不同，第一段是在低温下（0～35℃）反应，生成二甲基亚磷酸酯等，第二段在高温下反应，温度在80～120℃，此步缩合而成敌百虫。两步反应可以在一个罐中反应，分段加热，也可以分别在两个罐内完成。第一段为酯化反应，酯化反应的化学反应方程式是：

$$3CH_3OH + PCl_3 \longrightarrow \begin{matrix} CH_3O \\ \\ CH_3O \end{matrix} P{-}OH + 2HCl + CH_3Cl\uparrow$$

　　酯化反应为放热反应，因此必须设置冷却装置，用冷盐水冷却，并控制三氯化磷的加料速度，将反应温度控制在35℃以下。反应中生成大量的HCl要尽快排除，否则会同目的产物发生反应，从而降低产品的质量和收率，因此压力最好是在真空条件下进行，真空度越大越有利，能够迅速排出生成的HCl。缩合反应：

$$\begin{matrix} CH_3O \\ \\ CH_3O \end{matrix} P{-}OH + CCl_3CHO \longrightarrow \begin{matrix} CH_3O \\ \\ CH_3O \end{matrix} P\overset{O}{-}\overset{H}{\underset{OH}{C}}{-}CCl_3$$

缩合反应阶段是二甲基亚磷酸酯与三氯甲醛缩合而成敌百虫的反应。为了使反应完全，采取三氯乙醛适当过量。为了提高产品的质量，本阶段也采用真空操作。

　　(2) 工艺流程　敌百虫的生产方法比较简单，每个工厂采用的方法不一定相同，以某农药厂的工艺流程来介绍。该厂采用的是一步合成，酯化与缩合分别在两个罐内进行，混合和酯化合并在一个罐内。生产时，将所需的原料：甲醇114kg，三氯乙醛177kg，回流液280kg，分别置于各自的储罐内，并进行计量，然后将三氯乙醛和回流液逐渐放入第一个罐内，在搅拌的条件下逐渐加入甲醇液，应控制反应的温度不超过50℃，加入甲醇液体的时间大致为15min。混合液的温度逐渐地冷却至5℃以下，然后在充分冷却的条件下，保持真空搅拌，继续向混合液中滴加三氯化磷，使罐内温度不高于35℃，真空度不低于60kPa。

　　加完料以后，真空度要再提高到90kPa以上，温度下降至0℃左右，此后将该酯化液缓慢投入甩盘，投入速度以甩盘内不存料并使料液充满液封管为宜，真空度在80kPa左右，温度保持在80～90℃。

　　当甩盘工作25～30min后，开动第二罐搅拌器，使第二罐的真空度在80kPa，温度在80℃以上，并将回流管内回流液全部放入热罐内，甩盘停止搅拌，酯化液全部导入热罐内，这时开始通气，升高温度，降低真空度至16～17kPa。保持20min，待缩合反应完以后，将物料抽至成品压料罐。接下来结晶，包装入库。

第三节　表面活性剂

　　表面活性剂是指在加入少量时就能显著降低溶液表面张力，并改变体系界面状态的物质。表面活性剂达到一定浓度后可缔合形成胶团，从而具有润湿或抗黏、乳化或破乳、起泡或消泡以及增溶、分散、洗涤、防腐、抗静电等一系列物理化学作用，在纺织、印染、石油、造纸、皮革、食品、化纤、农业、医药、涂料等行业中都有广泛的应用，成为一类灵活多样、用途广泛的精细化工产品，是精细化工最重要的产品之一。

一、表面活性剂的结构和作用

　　表面活性剂分子结构具有不对称、极性的特点，表面活性剂的性能取决于其亲水基和亲

图 10-1　表面活性剂的分子结构

油基的构成，如图 10-1 所示。

但亲水基在种类和结构上的改变较亲油基的改变对表面活性剂的影响大。因此，最常用的分类方法是按分子结构中亲水基团的带电性分为阴离子、阳离子、非离子和两性表面活性剂四大类，然后在每一类中再按官能团的特征加以细分，在下一部分中详细介绍。

表面活性剂在工业生产和日常生活中有着广泛的应用，它的主要作用有改变润湿性能、增溶、乳化、起泡、去污、分散等，这里只作简单介绍。

1. 改变润湿性能

表面活性剂在化学结构上的共同特点是它们都是由亲水的极性基和亲油的非极性基构成的，由于它们能显著降低水的表面张力，因而能够强烈地吸附在水的表面上，也能吸附在其他各种界面上，而且这种吸附往往都有一定的取向。正是表面活性剂分子在界面上的定向吸附，使得表面活性剂具有改变表面润湿性能的作用。

在生产和生活中，人们常常需要改变液体对某种固体的润湿性能，有时希望把润湿变为不润湿，有时则希望把不润湿变为润湿，这些都可以借助表面活性剂来实现。

普通棉布因纤维中有醇羟基存在而呈亲水性，所以容易被水沾湿，不能防雨。若采用表面活性剂处理棉布，使其极性基与棉纤维醇羟基结合，而非极性基伸向空气，从而使棉布与水的接触角发生改变，由原来的润湿变为不润湿，制成既能防水又能透气的雨布。

喷洒农药杀灭害虫时，如果农药水溶液对植物的茎叶表面润湿不好，药液易滚落下来，不仅造成浪费，而且洒在植物上的药液也不能很好地展开，待水分蒸发后，叶面上只能形成断续的斑点，杀虫效果不好。若在药液中加入少量的表面活性剂，使药容易在叶面上展开，待水分蒸发后，形成均匀的药物薄层，大大提高了农药的利用率和杀虫效果。

2. 增溶作用

一些非极性的碳氢化合物，如苯、乙烷等在水中溶解度本来很小，但浓度达到或超过临界胶束浓度的表面活性剂水溶液却能使这类物质的溶解度大为增加，形成完全透明外观、与真溶液相似的体系。表面活性剂的这种作用称为增溶作用。

增溶作用与表面活性剂在水溶液中形成胶束是分不开的。在胶束内部，相当于液态的碳氢化合物，根据相似互溶原理，非极性的溶质容易溶解到胶束内部，因而溶解度增大。显然，只有表面活性剂的水溶液浓度达到或超过临界胶束浓度时，才有增溶作用。

增溶与真正的溶解不同，溶解是使溶质分散为分子或离子，溶液具有依数性，而增溶后的溶液无明显的依数性，说明增溶后溶质并未拆成分子，而是以较大的分子基团存在。

增溶应用很广，如肥皂液、洗涤液等除去油污时，增溶起着相当重要的作用。一些生理现象也与增溶有关，例如不能被小肠直接吸收的脂肪，是靠胆汁的增溶作用才能被有效吸收。

3. 发泡和消泡作用

液体泡沫是气体高度分散在液体中的分散体系。"泡"是由液体薄膜包围着的气体，泡沫则是很多气泡的聚集物。由于气液界面张力较大，气体的密度较液体小，所以气泡很容易破裂。

在液体中加入表面活性剂，再向液体中鼓气，就能形成较为稳定的泡沫，这种作用称为发泡，所加的表面活性剂叫做发泡剂。发泡剂的主要作用如下：

① 降低液气界面张力；

② 在气泡的液膜上形成双层吸附膜并具有一定的机械强度，不易破裂；

③ 亲水基在液膜中的水化作用使膜内液体黏度增加，使液膜稳定；

④ 离子型表面活性剂可使泡沫带有电荷，气泡间的静电排斥阻碍了它们的相互靠近和聚集。

一些表面活性剂也可以作消泡剂，它们的表面张力比气泡液膜的低，容易从液膜表面顶走原来的发泡剂，而其本身不能形成坚固的吸附膜，导致气泡破裂，从而起到消泡作用。

4. 分散作用

在实际生产生活中，有时需要将固体粒子分散在液体中形成稳定而且均匀的分散体系。例如，颜料分散于油漆、药剂、油井用钻井液、染料等中。把粉末浸没于一种液体中，通常不能形成稳定的分散体，粉末颗粒常常聚集成团，而且，即使粉末很好地分散在液体中形成分散体，也很难长时间保持稳定。在实际应用中，有时需要稳定的分散体，例如油漆涂料、印刷油墨等，有时又需要破坏分散体，使固体微粒尽快地聚集沉降，例如在湿法冶金、污水处理、原水澄清等方面。分散作用往往通过表面活性剂来实现，表面活性剂对分散作用有很大影响。

5. 尖端材料的膜模拟

膜模拟科学是当今科学与高技术发展的一个重要领域，它以模拟生物膜的基本功能为目的去构筑各种有序组合体，其中包括单分子膜、LB 膜、自组装（SA）膜、胶束、微乳液、泡囊、微管、小棍及更复杂的有机/无机、生物/非生物的复合物。分子有序组合是一种比分子复杂得多的功能单元，能用于复制某些生命现象和制备许多尖端材料和器件，如生物及化学反应器、化学及生物传感器、微机械、仿生智能系统、分子识别薄膜、生物芯片、生物矿化、纳米颗粒等，具有极其广阔的应用前景。

二、表面活性剂的分类

1. 阴离子表面活性剂

亲水基团带有负电荷的表面活性剂称为阴离子表面活性剂。

（1）烷基苯磺酸盐（TPS） 烷基苯磺酸盐无论从生成量或消耗量来说都仅次于肥皂，而在合成表面活性剂中占第一位。早期生成的烷基苯磺酸盐采用石油化工提供的原料丙烯进行低聚生成四聚丙烯，与苯发生付-克反应得到支链十二烷基苯，再进行磺化而成。

（2）仲烷烃磺酸盐（SAS） 仲烷烃磺酸盐是较新的商品表面活性剂，是由二氧化硫及空气作用于 $C_{14} \sim C_{18}$ 的正烷烃制得。其通式为：$R-CH_2-R^1$ 这一反应与用硫酸酯化明显不 $\underset{SO_3Na}{|}$

同。SAS 有与 LAS 类似的发泡性和洗涤效果，且水溶性好。SAS 目前只在西欧生产，其主要用途是复配成液体洗涤剂，如液体家用餐具洗涤剂。这一工艺方法最早是由德国赫斯脱公司开发的。商品牌号为 Hastapm SAS60，该产品中含有 60% 的有效成分。SAS 的缺点是，用它作为主要成分的洗衣粉发黏、不松散。因此只用于液体配方中。

（3）α-烯烃磺酸盐（AOS） α-烯烃磺酸盐是采用石蜡油裂解或低格勒乙烯低聚法制得的。总体来说，AOS 与 LAS 的性能相似。但对皮肤的刺激性稍弱，生化降解的速率也稍快。由于它的生产工艺简便，原料成本低廉，因此，AOS 一直有很大的吸引力。从生产技术上考虑，过去对工艺的控制有一定的困难。近年来通过设备结构的改进已基本上解决了问题。从 1980 年开始，AOS 的生产和应用均有上升的趋势。AOS 的主要用途是配制液体洗涤剂和化妆品。

（4）脂肪醇硫酸盐（FAS）　脂肪醇硫酸盐从 1930 年开始就有商品生产。现在 FAS 已成为相当重要的表面活性剂之一。目前约有 40％的椰油醇用于生产 FAS。除此之外，增塑剂醇和牛油醇硫酸盐虽也有生成，但产量远不如椰油醇硫酸盐产量大。

FAS 的主要用途是配制液状洗涤剂、餐具洗涤剂、各种香波、牙膏、纺织用润湿和洗净剂以及化学工业中的乳化聚合。此外，粉状的 FAS 可用于配制粉状清洗剂、农药用润湿粉剂。

2. 阳离子表面活性剂

阳离子表面活性剂的疏水基结构和阴离子表面活性剂相似，且疏水基和亲水基的连接方式也相似，一种是亲水基直接连在疏水基上，另一种是亲水基通过酰氧键、酰胺键、醚键等形式与疏水基间接相连，所不同的是阳离子表面活性剂溶于水时，其亲水基带正电荷。

（1）铵盐型阳离子表面活性剂　所有的铵盐型阳离子表面活性剂都可通过胺与酸的中和作用制得。一般按起始胺的不同，分为高级胺盐型阳离子表面活性剂和低级铵盐型阳离子表面活性剂。前者多由高级脂肪胺与盐酸或醋酸进行中和反应制得，常用作缓蚀剂、捕集剂、防结块剂等。

（2）季铵盐型阳离子表面活性剂　季铵盐与铵盐的区别在于它是强碱的盐，无论在酸性还是碱性溶液中均可溶解，并离解成带正电荷的铵根离子。而铵盐为弱酸的盐，对 pH 值较为敏感，在碱性条件下则游离成不溶于水的胺而失去表面活性。季铵盐由脂肪叔胺再进一步烷基化而成。常用的烷化剂为氯甲烷或硫酸二甲酯。它们的种类繁多，产量在各类阳离子表面活性剂中占首位，在工业上有实用价值的季铵盐有下列三种类型：长碳链季铵盐、咪唑啉季铵盐和吡啶季铵盐。

长碳链季铵盐　　　咪唑啉季铵盐　　　吡啶季铵盐
（R¹=C₈~C₂₆，R²=C₈~C₂₆，或CH₃，X=Cl或CH₃—O—SO₃）

长碳链季铵盐是阳离子表面活性剂中产量最大的一类，含一个至两个长碳链烷基的季铵盐主要用作织物柔软剂、杀菌剂等。季铵盐阳离子本身的亲水性要比脂肪伯胺、脂肪仲胺和脂肪叔胺大得多。它足以使表面活性作用所需的疏水端溶入水中。季铵盐阳离子使所带的正电荷能牢固地被吸附在带负电荷的表面上。目前，季铵盐耗量最大的用途是做家用织物柔软剂。

（3）氧化叔胺型阳离子表面活性剂　氧化叔胺具有优良的发泡与泡沫稳定性，用于洗发香波、液体洗涤剂、手洗餐具洗涤剂。它的润湿、柔软、乳化、增稠、去污作用，除用于洗涤剂制备外，还用于工业洗净、纺织品加工及电镀加工。

3. 非离子型表面活性剂

这类表面活性剂在分子中不含离子键，它的亲水性是靠多个聚氧乙烯链基—ECH₂CH₂±ₙOH 或多个羟基以及酰氨基等基团的作用。非离子表面活性剂有优异的润湿和洗涤功能，可与阴离子和阳离子表面活性剂兼容，又不受硬水中钙、镁离子的影响。由于上述优点，非离子表面活性剂从 20 世纪 70 年代起发展得很快。目前，从世界范围看，非离子型表面活性剂的增长速度最快，已超过阴离子型表面活性剂而跃居首位。它的缺点是通常都是低熔点的蜡状物或液体，所以很难把它们复配成粉状。尽管近年来发展了用它来复配成低泡洗衣粉，但手感还是发黏。另一个缺点是温度增高或增加电解质浓度时，聚氧乙烯醚链的溶剂化效应会下降，有时会产生沉淀。主要有脂肪醇聚氧乙烯醚（AEO）、烷基酚聚氧乙烯醚、天然油脂聚氧乙烯醚、脂肪醇酰胺、其他非离子表面活性剂等。

4. 特殊类型表面活性剂

（1）全氟表面活性剂　全氟表面活性剂（也称氟碳表面活性剂）主要指在表面活性剂的碳链中，氢原子全部被氟原子取代了的表面活性剂。该表面活性剂具有碳氢表面活性剂所没有的优异性能，其特性主要取决于氟碳链。在一般表面活性剂不能使用或者即使使用其效果较差的领域内，添加极少的氟表面活性剂即可发挥显著效果。因此尽管目前市场规模还很小，且价格远高于一般表面活性剂，但越来越引起人们的重视，而且其应用领域也在不断扩大。

（2）含硅表面活性剂　含硅表面活性剂是除含氟表面活性剂外的优良表面活性剂类别，作为杀菌剂、消泡剂、织物柔软整理剂、羊毛防缩整理剂、抗静电剂及合纤油剂、化妆品用头发调理剂、UV 吸收促进剂、润滑剂等越来越多的应用。

（3）生物表面活性剂　生物表面活性剂是细胞与生物膜正常生理活动所不可或缺的成分，一方面广泛地分布于动植物体内，另一方面微生物在其菌体外较大量地产生、积蓄微生物表面活性剂。生物表面活性剂同合成表面活性剂一样，是既含有亲水基又含有疏水基的双亲媒性结构。疏水基一般是脂肪酸或烃类，而亲水基则为糖、多元醇、多糖及肽等。槐糖脂是生物表面活性剂中最有应用前途的一种。

生物表面活性剂因可完全生物降解，无毒，对生态环境安全，且具有高表面活性和生物活性，成为近年来颇引人注目的一类表面活性剂。在食品、化妆品、医药等领域颇具应用前景。如何制得在价格上可与合成表面活性剂相竞争的生物表面活性剂是其能否实现工业化应用的关键。

（4）冠醚类表面活性剂　冠醚类表面活性剂为疏水基上接有环状聚醚的化合物，是一类既能选择性地络合阳离子、阴离子及中性分子，又具有表面活性以及能形成胶团等复合性能的表面活性剂，这在生物化学、分析化学、药物化学及有机化学等领域有很大用途。此外当它与极性基团或某些金属离子形成络合物后，使之从非离子型表面活性剂变成离子型表面活性剂。

三、表面活性剂的生产

表面活性剂的种类非常多，下面选择一个技术比较成熟、有代表性的产品烷基苯磺酸盐做简要介绍。

烷基苯磺酸钠是黄色油状体，经纯化可以形成六角形或斜方形薄片状结晶，具有微毒性，对水硬度较敏感，不易氧化，起泡力强，去污力高，易与各种助剂复配，成本较低，合成工艺成熟，应用领域广泛，是非常出色的表面活性剂。烷基苯磺酸钠对颗粒污垢、蛋白污垢和油性污垢有显著的去污效果，对天然纤维上颗粒污垢的洗涤作用尤佳，去污力随洗涤温度的升高而增强，对蛋白污垢的作用高于非离子表面活性剂，且泡沫丰富。但烷基苯磺酸钠存在两个缺点，一是耐硬水较差，去污性能可随水的硬度而降低，因此以其为主活性剂的洗涤剂必须与适量整合剂配用。二是脱脂力较强，手洗时对皮肤有一定的刺激性，洗后衣服手感较差，宜用阳离子表面活性剂作柔软剂漂洗。近年来为了获得更好的综合洗涤效果，LAS

常与 AEO 等非离子表面活性剂复配使用。LAS 最主要的用途是配制各种类型的液体、粉状、飞粒状洗涤剂、擦净剂和清洁剂等。

烷基苯磺酸钠的生产路线有多种，如图 10-2 所示。从图 10-2 可见，烷基苯磺酸钠的生产过程可分为三步：烷基苯的制备、烷基苯的磺化和烷基苯磺酸的中和。

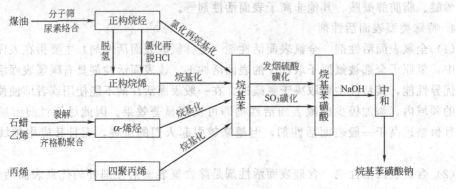

图 10-2　烷基苯磺酸钠的生产工艺

1. 烷基苯的制备

性能与用途：烷基苯的四条原料路线中以煤油路线应用最多。煤油来源方便，成本较低，工艺成熟，产品质量也好。石蜡裂解和乙烯低聚都是制取高碳醇和 α-烯烃的方法。α-烯烃作为烷基化剂与苯反应得到烷基苯。这样生产的烷基苯多为 2-苯基烷，作洗涤剂时性能不理想。丙烯低聚制得的四聚丙烯支链化程度高，由其生产的烷基苯不易生物降解，会造成公害，20 世纪 60 年代已被正构烷基苯所代替，现只有少量生产，以供农药乳化剂配用。

合成路线：天然煤油中正构烷烃仅占 30％左右，将其提取出来的方法有两种，即尿素络合法和分子筛提蜡法。

(1) 尿素络合法　尿素络合法是利用尿素能和直链烷烃及其衍生物形成结晶络合物的特性，而将正构烷与支链异构物分离的方法。在有直链烷烃及其衍生物存在时，尿素可以由四面晶体转化形成直径为 0.55nm、内壁为六方晶格的孔道。直链烃烷，例如 $C_3 \sim C_{14}$ 正构烷烃的横向尺寸约为 0.49nm，如果增加一个甲基支链，它的横向尺寸就增加到 0.56nm，分支链越大，横向尺寸越大，苯环或环烷环的尺寸更大，如苯的直径达 0.59nm。这样一来，煤油中只有小于尿素晶格的正构烷烃分子才能被尿素吸附入晶格中，而比尿素晶格大的支链烃、芳烃、环烷烃就被阻挡在尿素晶格之外。然后再将这些不溶性固体加合物用过滤或沉降的办法将它们从原料油中分离出来。将加合物加热分解，即可得到正构烷烃，而尿素可以重复使用。

(2) 分子筛提蜡法　应用分子筛吸附和脱附的原理，将煤油馏分中的正构烷烃与其他非正构烷烃分离提纯的方法称为分子筛提蜡法。这是制备洗涤剂轻蜡的主要工艺。分子筛也称人造沸石，是一种高效能、高选择性的超微孔型吸附剂。它能选择性地吸附小于分子筛空穴直径的物质，即临界分子直径小于分子筛孔径的物质才能被吸附。在分子筛脱蜡工艺中选用 5A 分子筛就是基于此点。5A 分子筛的孔径为 0.5～0.55nm，因此它只能吸附正构烷烃，而不能吸附非正构烷烃。吸附了正构烷烃的分子筛经脱附得到正构烷烃。

正构烷烃可经两条途经制得烷基苯，即氯化法和脱氢法。

氯化法是将正构烷烃用氯气进行氯化，生成氯代烷。氯代烷在催化剂氯化铝存在下与苯发生烷基化反应而制得烷基苯。流程简图见图 10-3。

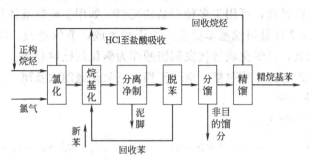

图 10-3 氯化法制烷基苯

反应混合物经分离净制除去催化剂络合物和重烃组成的褐色油泥状物质（泥脚）。再分离出来反应生成的苯和未反应的正构烷烃，分别循环利用，便得到粗烷基苯。粗烷基苯虽已可以使用，但为了提高产品质量，仍需精制处理，以除去大部分不饱和杂质。这样产品可避免着色和异味。

脱氢法生产烷基苯是美国环球油品公司（UOP）开发并于 1970 年实现工业化的一种生产洗涤剂烷基苯的方法。由于其生产的烷基苯内在质量比氯化法的好，又不存在使用氯气和副产盐酸的处理与利用问题，因此这一技术较快地在许多国家被采用和推广。生产过程如图10-4 所示。

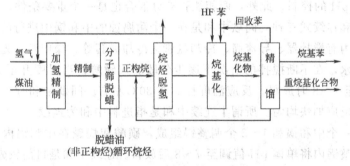

图 10-4 脱氢法制烷基苯

煤油通过选择性加氢精制，除去所含的 S、N、O、双键、金属、卤素、芳烃等杂质，以使分子筛提蜡和脱氢催化剂的效率及活性更高。高纯度正构烷烃提出后，经催化脱氢制取相应的单烯烃，单烯烃作为烷基化剂在 HF 催化下与苯进行烷基化反应，制得烷基苯。精馏回收未反应的苯和烷烃，使其循环利用。此时，便得到品质优良的精烷基苯。

2. 烷基苯的磺化

磺化是个重要而广泛使用的有机化工单元反应，磺化这一步对烷基苯磺酸钠洗涤剂的质量影响很大。单体中活性物的高低、颜色的深浅以及不皂化物的含量都与磺化工艺有密切关系。生产过程随烷基苯原料的质量和组成及磺化剂的种类不同而异。常用磺化剂有浓硫酸、发烟硫酸、三氧化硫等。

以浓硫酸作磺化剂，耗酸量大、产品质量差，生成的废酸多，效果很差，国内已很少利用。长期以来，烷基苯的磺化一直采用发烟硫酸作为磺化剂。当硫酸浓度降至一定数值时磺化反应就终止，因而其用量必须大大过量。它的有效利用率仅为 32%，且产生废酸。但其工艺成熟，产品质量较为稳定，工艺操作易于控制，所以至今仍有采用。

近年来，三氧化硫磺化在我国已逐步采用，而国外 60 年代就已发展。这是因为三氧化硫磺化得到的单体含盐量低，可用于多种产品的配制（如用于配制液体洗涤剂、乳化剂、纺织助剂等）；又能以化学计量与烷基苯反应，无废酸生成，节约烧碱，降低成本，三氧化硫来源丰富等优点。因此，三氧化硫替代发烟硫酸作为磺化剂已成趋势。

三氧化硫磺化生产过程主要包括：空气干燥、三氧化硫制取及尾气三个部分。

3. 烷基苯磺酸的中和

中和部分含如下两个反应：

$$R-\!\!\!\bigcirc\!\!\!-SO_3H + NaOH \longrightarrow R-\!\!\!\bigcirc\!\!\!-SO_3Na + H_2O$$

$$H_2SO_4 + 2NaOH \longrightarrow Na_2SO_4 + 2H_2O$$

烷基苯磺酸与碱中和的反应与一般的酸碱中和反应有所不同，它是一个复杂的胶体化学反应。由于烷基苯磺酸黏度很大，在强烈的搅拌下，磺酸被粉碎成微粒，反应是在粒子界面上进行的。生成物在搅拌作用下移去，新的碱分子在新的磺酸粒子表面进行中和，照此下去，磺酸粒子逐步减少，直至磺酸和碱全部作用，成为均相的胶体。中和产物，工业上俗称单体，它是由烷基苯磺酸钠（称为活性物或有效物）、无机盐（如芒硝、氯化钠等）、不皂化物和大量水组成。单体中除水以外的物质含量称为总固体。

不皂化物是指不与烧碱反应的物质，主要是不溶于水、无洗涤能力的油类，如石蜡烃、高级烷基苯及其衍生物、砜等。中和工艺的影响因素主要有：工艺水的加入量、电解质加入量、中和温度和 pH 的控制，此外，两相能否充分混合也是一个重要条件。中和的方式分间歇式、半连续式和连续式三种。间歇中和是在一个耐腐蚀的中和锅中进行的，中和锅为一敞开式的反应锅，内有搅拌器、导流筒、冷却盘管、冷却夹套等。操作时，先在中和锅中放入一定数量的碱和水，在不断搅拌的情况下逐步分散加入磺酸，当温度升至 30℃ 后，以冷却水冷却；pH 值至 7～8 时放料，反应温度控制在 30℃ 左右。间歇中和时，前锅要为后锅留部分单体，以使反应加快均匀。所谓半连续中和是指进料中和为连续，pH 值调整和出料是间歇的。它是由一个中和锅和 1～2 个调整锅组成，磺酸和烧碱在中和锅内反应，然后溢流至调整锅，在调整锅内将单体 pH 值调至 7～8 后放料。连续中和是目前较先进的一种方式。连续中和的形式很多，但大部分是采取主浴（泵）式连续中和。中和反应是在泵中进行的，以大量的物料循环，使系统内各点均质化。

习　题

1. 什么是染料？
2. 染料应该具备哪些性质？
3. 若按照化学结构分，染料可以分为哪些种类？
4. 若按照应用方法分，染料可以分为哪些种类？
5. 什么是硝化反应？硝化的方法是什么？
6. 混酸硝化有哪些特点？
7. 重氮化反应有哪些特点？
8. 重氮化反应应注意哪些问题？
9. 什么是偶合反应？

10. 酸性橙有哪些性质和特点？

11. 酸性橙的生产分为哪几个步骤？

12. 什么是农药？

13. 农药有哪些用途？

14. 按照作用方式，杀虫剂有哪些种类？

15. 按照作用方式和机制，杀菌剂有哪些种类？

16. 除草剂有哪些种类？

17. 植物生长调节剂有哪些种类？

18. 杀鼠剂有哪些种类？

19. 敌百虫的理化性质是什么？

20. 什么是敌百虫的一步两段法？

21. 什么是表面活性剂？

22. 什么是临界胶束浓度？

23. 什么是亲水亲油平衡值？如何用亲水亲油平衡值来衡量表面活性剂？

24. 表面活性剂有哪些作用？

25. 阴离子表面活性剂有哪些？

26. 阳离子表面活性剂有哪些？

27. 非离子表面活性剂有哪些？

28. 两性表面活性剂的种类有哪些？

29. 其他的两性表面活性剂有哪些？

30. 烷基苯磺酸盐的生产可以分为哪几个步骤？

31. 烷基苯磺酸盐有哪些性能与用途？

参 考 文 献

[1]　张荣. 计量与标准化基础知识. 北京：化学工业出版社，2006.

[2]　柯以侃等. 化验员基本操作与试验技术. 北京：化学工业出版社，2008.

[3]　唐受印等. 废水处理工程. 北京：化学工业出版社，2002.

[4]　王燕飞等. 水污染控制技术. 北京：化学工业出版社，2003.

[5]　金熙等. 工业水处理技术问答. 北京：化学工业出版社，2003.

[6]　李光华. 工业化学. 北京：化学工业出版社，1988.

[7]　吴志泉，涂晋林. 工业化学. 第2版. 上海：华东理工大学出版社，2003.

[8]　窦锦民. 有机化工工艺. 北京：化学工业出版社，2006.

[9]　李峰. 甲醇及下游产品. 北京：化学工业出版社，2008.

[10]　张荣，张晓东. 危险化学品安全技术. 北京：化学工业出版社，2009.

[11]　魏文德. 有机化工原料大全（第一、二、三卷）. 北京：化学工业出版社，1990.

[12]　田铁牛. 化学工艺. 第2版. 北京：化学工业出版社，2007.